大话photoshop世界

李凯 史克红 罗维 陶新_编著

中国青年出版社
CHINA YOUTH PRESS
中青雄狮

图书在版编目（CIP）数据

大话 Photoshop 世界／李凯等编著 . 一 北京：中国青年出版社，2011.8
ISBN 978-7-5153-0137-2
I.①大… II.①李… III.①图像处理软件，Photoshop IV.①TP391.41
中国版本图书馆 CIP 数据核字（2011）第 153538 号

大话Photoshop世界

李凯　史克红　罗维　陶新　编著

出版发行：中国青年出版社
地　　址：北京市东四十二条21号
邮政编码：100708
电　　话：（010）59521188／59521189
传　　真：（010）59521111
企　　划：北京中青雄狮数码传媒科技有限公司
责任编辑：郭　光　张海玲　高　原　向雯雯
书籍设计：王世文

印　　刷：中煤涿州制图印刷厂北京分厂
开　　本：880×1230　1/32
印　　张：9.5
版　　次：2011年9月北京第1版
印　　次：2011年9月第1次印刷
书　　号：ISBN 978-7-5153-0137-2
定　　价：39.90元（附赠1DVD，含教学视频和海量素材）

本书如有印装质量等问题，请与本社联系
电话：（010）59521188
读者来信：reader@cypmedia.com
如有其他问题请访问我们的网站：www.lion-media.com.cn

"北京北大方正电子有限公司"授权本书使用如下方正字体。
封面用字包括：方正兰亭黑系列。

前言

软件简介

你知道Photoshop吗？你知道它是用来干什么的吗？你知道它的最新版本都有哪些功能吗？本书就将为你解答这些问题。

Photoshop是由美国Adobe公司推出的一款图形图像处理软件，集合图像设计、编辑、合成以及高品质输出等功能于一体，深受广大平面设计人员和电脑美术爱好者的青睐！而CS5版本是该公司于2010年初推出的最新版本，能让图像处理过程变得更为智能，其操作也趋于简洁化，能在更大程度上满足了你的需求！

内容导读

你还在为不会PS而烦恼吗？你还在艳羡别人的照片效果吗？那就翻开这本书，加入Photoshop 的快乐学习之旅吧！

章　节	简　介
第1～2章	学习前的准备，详细讲解了Photoshop CS5的安装、卸载及新增功能，Photoshop的基础知识及基本操作
第3～9章	基础功能与应用，主要介绍了选区的应用、图像处理与修饰及颜色调整，以及文字工具的应用
第10～14章	Photoshop的高级应用，详细介绍了图层、蒙版、通道、滤镜的应用、3D对象与动画的创建以及各高级菜单命令的应用
附录	秘技偷偷报，最后增设了15页独立的"秘技偷偷报"，对软件应用技巧进行收罗整集，便于快速查阅

本书特色

不要让晦涩的知识和抽象难懂的概念缚住你学习Photoshop的手脚！本书融入了风格活泼可爱的漫画人物，带你轻松遨游Photoshop世界！

● 53个轻松活泼地案例操作描述，55段精彩详尽地的视频教学演示，让你再也不用死记硬背！

● 14篇日记形式的知识内容展现，18个漫画图解版的学习内容讲解，充分调动你的阅读兴趣！

● 54个专题讲解重要知识点，55个学习感悟及26个提示扩充知识内容，让你轻松掌握图像处理技法！

● 14篇"今日作业"对知识点的回顾，45个"秘技偷偷报"对应用技巧的收罗整集，让你快速查阅！

"漫画人物登场"

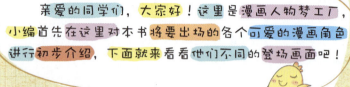

亲爱的同学们，大家好！这里是漫画人物梦工厂，小编首先在这里对本书将要出场的各个可爱的漫画角色进行初步介绍，下面就来看看他们不同的登场画面吧！

"漫画人物介绍"

羊教授

Photoshop 软件专家，Photoshop 中的各个功能与命令完全难不倒他，可谓是无所不知，从事教育事业 30 年，是一位慈祥温和的老师。

小咪

机智聪明，待人诚恳。但学习不够认真，又特别贪玩，对 Photoshop 掌握得不够熟练，经常课后才向同学讨教。

小鸡

羊教授的得意门生，成绩优异，性格开朗，热爱学习，总是主动帮助同学。非常喜欢 Photoshop 图像处理软件，并能熟练操作。

呜呜呜呜 我还是不懂。

小猪

老老实实上课，老老实实放学，不爱动脑筋，反应较迟钝，不会换位思考，对 Photoshop 的接收程度较低，有点小笨笨的感觉，但非常愿意学习。

小狗

诚信老实的代表，对待学习认真刻苦，喜欢钻研，为人低调，总是默默地待在自己的学习领地里，对 Photoshop 掌握得较为熟练。

只有不断地学习，才能壮大自己！

帮助别人是一件非常开心的事情！

我的地盘当然我做主，非请勿扰！

我快乐，因为我选择追求快乐的事！

嗯……咦？什么？我还是不太明白……

目录

第1天 学前准备

目录

第 3 天　了解选区的秘密

第4天 图像处理秘笈

目录

第 5 天　图像绘制与修饰

第 6 天 随心所欲调整图像颜色

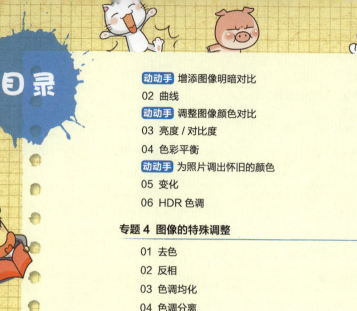

目录

第 7 天 巧妙应用文字工具

第 8 天 灵活的图形绘制

目录

第 11 天　蒙版与通道的高级结合

目录

第12天 滤镜的艺术表现

第 13 天　3D 对象与动画的创建

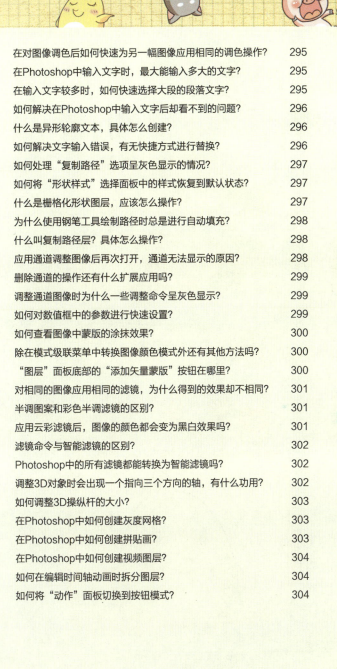

学前准备

第1天

天气情况

努力指数 ★ ★ ★

心情指数 ♡ ♡ ♡

漫画:

学习Photoshop CS5
有什么好处

 专题1 初次接触软件

Photoshop 是一款世界顶级水平的图像绘制设计软件，集图像设计、编辑、合成以及高品质输出功能于一体，是美国Adobe公司开发的最为专业的一款图形图像处理方面的软件。具有十分完善而强大的功能。Photoshop CS5是该公司于2010年推出的该软件的最新版本，不仅在原有版本的基础上进行了改进，同时也添加了更为强劲的图像处理引擎。下面就开始神奇的Photoshop世界探索之旅吧！

01 安装 Photoshop CS5

要使用Photoshop CS5软件进行相应的图像处理操作，首先需要安装Photoshop CS5。在软件安装程序所在的文件夹中找到其安装程序图标，通过双击该图标或以其他方式运行该程序，可弹出"Adobe 安装程序"对话框。

Adobe 安装程序图标

"Adobe 安装程序"对话框

此时可看到，系统自动完成初始化安装程序后，弹出Photoshop CS5安装程序界面，用户可根据提示和个人需求进行相关的选项设置。安装步骤大概可分为4个步骤。

第一步，在弹出的"Adobe 软件许可协议"界面中阅读相应的内容后，单击"接受"按钮。

第二步，进入到序列号输入选项界面，此时将授予的序列号分别输入相应的文本框，然后单击"下一步"按钮。

第三步，在跳过创建Adobe ID操作步骤之后，进入到"安装选项"界面，在该界面中设置软件的安装选项及目录后，单击"安装"按钮。

第四步，此时开始安装软件，可看到界面中显示的蓝色安装进度条。待安装完成后单击"确定"按钮即将该软件安装至系统中。

阅读 Adobe 软件许可协议

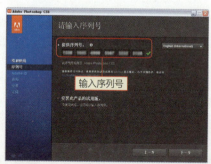

输入序列号

设置安装选项

查看安装进度

02 卸载 Photoshop CS5

在安装好Photoshop CS5软件后，也可将其从电脑系统中卸载。其操作方法是执行"开始>控制面板"命令，在弹出的对话框中单击"更改或删除程序"按钮，打开"添加或删除程序"选项面板，在其中选择Adobe Photoshop CS5选项，单击其后的"删除"按钮，弹出"卸载选项"界面，在其中勾选要卸载的程序选项后单击"卸载"按钮，进入"卸载进度"界面，此时系统正在进行程序卸载操作，当卸载进度为100%时即完成卸载任务，单击"完成"按钮即可。

选中要删除的程序

勾选卸载选项

查看卸载进度

完成卸载任务

学习感悟： 彻底删除软件有妙招

卸载Photoshop CS5软件时，为了彻底从电脑系统中卸载软件，可使用360安全卫士中的"强力清扫"功能。其使用方法是在360安全卫士界面中单击"软件管家"选项按钮，在弹出的界面右侧单击"软件卸载"标签，在右侧显示的软件名称栏中找到Adobe Photoshop CS5选项，单击其后的"卸载"按钮，即开始进行自动卸载。完成后在弹出的对话框中单击"强力清扫"按钮，选中相应选项进行卸载操作，完成后单击"确定"按钮即可。一定要记住哦！

03 Photoshop CS5 的操作环境

启动Photoshop CS5后，其界面如下图所示。

菜单栏 ————

选项栏

工具箱 ————

面板

工作区 ————

状态栏 ————

Photoshop CS5 操作界面

菜单栏： 在菜单栏中共有11类近百个菜单命令，涵盖Photoshop CS5的所有操作。

工具箱： 工具箱与菜单栏、面板是Photoshop的操作核心武器，使用这些工具可以完成绘制、修饰、编辑、查看和测量等操作。

工作区： 工作区是工作界面中灰色的区域，工具箱面板和图像窗口都放置在其中。

状态栏： 状态栏用于显示当前文件的显示比例、文件大小、内存使用率、操作运行时间和当前工具等提示信息。

选项栏： 选项栏是工具箱中工具功能的延伸，通过适当设置工具选项栏中的选项，不仅可以有效提高工具在使用中的灵活性，而且还能够提高工作效率。

面板： 利用Photoshop中的各种面板可以进行显示信息、控制图层、调整动作和控制历史记录等各类操作，它是Photoshop中非常重要的组成部分。

专题2 为什么学习Photoshop CS5

　　图片具有简洁易懂且能准确传递信息的功能，随着"图像时代"的全面来临，图片在生产生活中占据的地位也越来越重要。使用Photoshop CS5对图像进行编辑和处理已经成为一种必备的技巧，同时，该软件也已经被广泛应用于诸如数码摄影后期处理、专业图像处理、插画设计以及平面设计等众多领域。通过软件的辅助设计，能在更大程度上发挥图像处理的优势，并进一步提高设计制作的效率，让你紧跟时代的脚步，成为综合型人才。

01　掌握数码摄影后期处理

　　随着数码产品更多地进入人们的生活，学习使用Photoshop CS5软件对数码摄影进行后期调整和处理，能在更大程度上修饰照片本身的不足，同时也能让照片更具艺术性。这些技术多应用于影楼等商业范畴中，主要对艺术照、婚纱照等数码摄影作品进行后期色调的调整和图像的修饰等。

婚纱照

02　成为专业插画师

　　Photoshop拥有出色的绘画与调色功能，可将这些功能结合运用到插画设计中，通过绘制功能能绘制出各种传统的、矢量质感的、仿真的以及游戏类的插画图像，通过调色功能则可整体或局部地调整插画效果。这里需要注意的是，由于插画绘制的内容没有严格界定，其范围非常广，许多插画设计制作者往往使用铅笔绘制完成草稿后，再使用Photoshop填色的方法来完成绘画。

场景类插画

人物类插画

卡通类插画

03 成为专业平面设计师

Photoshop应用最为广泛的领域是平面广告设计，其包含范围很广，不论是人们阅读的图书封面、企业制作的宣传画册等书籍类平面作品，还是商场里的各类招帖、海报以及众多的报纸广告等具有丰富图像的平面印刷品，都是需要使用Photoshop软件对图像进行处理制作的。

个性报纸广告

杂志平面广告

宣传海报

04 成为网页界面设计师

在网络风靡全球的大环境下，企业的网站就如同其产品的外包装，是一个公司的网络形象名片。在网站创建的过程中，不管是在网站首页的建设还是界面的设计，亦或是图标的设计和制作，都需要Photoshop这个强大的后备力量的支持。

购物网站首页

05 成为包装设计师

包装设计是指选用合适的包装材料，运用巧妙的工艺手段，为商品进行的容器结构造型和包装的美化装饰设计。包装设计也可通过使用Photoshop的绘图功能赋予包装外观不同的材质，同时也可结合真实物件合成包装效果。

食品类塑料包装

专题3 了解Photoshop专业术语

Photoshop是一款图像处理软件，而图像处理是指使用Photoshop等软件对图像进行设计和美化，使之成为满足用户需求且具有一定商业价值的作品的一项操作技术。在开始学习使用Photoshop进行图像处理的相关知识前，适当了解一些与Photoshop和图像处理相关的常用术语是非常有必要的。

01 影响图像显示——像素

准确地说，像素是用来计算数码影像的一种单位。和摄影得到的照片一样，数码影像也具有连续性的浓淡阶调，若把影像放大数倍，就会发现这些连续的色调其实是由许多色彩相近的小方点组成的，而这些小方点即构成影像的最小单位"像素"。这种最小的图形单位在屏幕上通常显示为单个的染色点。越高位的像素，其拥有的色板越丰富，也就越能表达颜色的真实感。而在图像处理中则可以这样理解，像素影响着图像的显示效果，它是构成图像的基本单位，单位面积上的像素越多，图像越清晰、越逼真，图像效果也就越好。

02 影响缩放效果——位图

位图又被称为"像素图"，其图像的大小和清晰度是由图像中包含像素的多少来决定的。位图图像具有表现力强、层次丰富等特点，可以模拟出逼真的图片效果。当放大位图图像时会看到构成整个图像的无数单个方块，这是因为扩大位图尺寸实际就是增大构成图像的单个像素，从而使线条和形状显得参差不齐，在视觉上变得模糊。

位图图像

放大后图像模糊

03 不影响缩放效果——矢量图

矢量图又被称为"向量图"，它用一系列电脑指令来描述和记录图像，由点、线、面等元素组成，所记录的是对象的几何形状、线条粗细和色彩等信息，正是由于矢量图不记录像素的数量，所以在任何分辨率下对矢量图进行缩放，也不会影响它的清晰度和光滑度。

矢量图

放大后图像效果依然清晰

提示： 了解矢量图像的创建软件

Photoshop为图像处理类软件，主要用于对位图图像进行创建和调整。若要绘制矢量图像可使用CorelDRAW 、Adobe Illustrator等软件，利用这些软件创建的都是矢量图像哦！

04 影响印刷效果——分辨率

　　分辨率是用于度量位图图像内数据量多少的一个参数，通常表示为ppi（每英寸像素）。包含的数据越多，图形文件也就越大，此时图像表现出的细节就更为丰富。但是，图像文件过大会耗用更多的计算机资源，占用更多的内存和硬盘空间。因此，在实际应用中应根据具体用途选择合适的分辨率。常见的分辨率主要有两种，显示器分辨率和图像分辨率。

1. 显示器分辨率

　　指显示器上每单位长度显示的像素数目，常以"点/英寸"（dpi）为单位来表示。如96dpi表示显示器上每英寸显示96个点。

2. 图像分辨率

　　指图像中每单位长度所包含的像素数目，常以"像素/英寸"（ppi）为单位来表示。如300ppi表示图像中每英寸包含300个像素或点。同等尺寸的图像文件，分辨率越高，其所占的磁盘空间就越多，编辑和处理所需的时间也越长。

提示： 设置正确的分辨率

对于印刷品来讲，要求印刷画面精美，设置分辨率的大小有着非常重要的作用哦！分辨率越小所印刷的平面作品越模糊，一般正规的印刷分辨率设置为300dpi～350dpi之间，分辨率过大也会对平面设计作品带来不便，导致操作缓慢，增加电脑负荷，所以设置正确的分辨率大小对设计师来讲，简直太重要了。

专题4 认识Photoshop颜色模式

Photoshop中的图像颜色是通过将某种颜色表现为数字形式的模型，来对图像的颜色及颜色模式进行表述的。Photoshop软件为用户提供了8种颜色模式，分别为位图模式、灰度模式、双色调模式、索引颜色模式、RGB模式、CMYK模式、Lab颜色模式和多通道模式，每一种颜色模式都有自己的特点，都有其适用范围。本专题就为大家详细介绍这些颜色模式。

01 位图模式

位图模式主要是用黑和白两种颜色来表示图像中的像素，因此该模式下的图像呈现黑白效果。由于位图模式图像只有两种颜色，因此包含的信息最少，图像占用的磁盘空间也最小。这里需要注意的是，在将其他模式的图像转换为位图模式图像时，会丢失大量细节，且无法恢复为原灰度模式。

02 灰度模式

灰度模式可以使用多达256级的灰度来表现图像，使图像的过渡更平滑细腻。在灰度图像中，每个像素都有一个介于0（黑色）~255（白色）之间的亮度值。在将其他颜色模式图像转换为灰度模式图像时，会弹出"信息"对话框，单击"扔掉"按钮即可进行转换。

原图效果

灰度模式下的图像

学习感悟： 直接转换格式

转换图像为灰度图像时，若在弹出的"信息"对话框中勾选"不再显示"复选框，以后再次转换图像为灰度图像将直接进行操作，而不再显示"信息"对话框。一定要记住哦！

03 双色调模式

双色调模式是一种为打印而制定的颜色模式，采用2~4种彩色油墨混合其色阶来创建双色调（2种颜色）、三色调（3种颜色）和四色调（4种颜色）的图像。只有灰度模式的图像才能直接转换为双色调模式图像。

04 索引颜色模式

索引颜色模式以一个颜色表存放并索引图像颜色，最多可存放256种颜色。该颜色模式只支持单通道图像即8位/像素，因此常通过限制调色板及索引颜色来减小文件大小。这里需要说明的是，该模式图像不能使用任何滤镜，常用于多媒体动画或网页的制作。

05 RGB 颜色模式

RGB颜色模式是Photoshop软件默认的图像模式，它是一种光学意义上的颜色模式，以红（Red）、绿（Green）、蓝（Blue）三种颜色为基本通道来混合出丰富的色彩效果，只使用三种颜色，即可在屏幕上重现16777216种颜色。

RGB颜色模式使用RGB模型为图像中每一个像素的RGB成分分配一个0（黑色）～255（白色）范围内的强度值，每种RGB成分都可使用从0～255的值。例如，亮红色使用R值255、G值0和B值0。当所有三种成分值相等时，产生灰色阴影；当所有成分值均为255时，结果为纯白色；当所有成分值为0时，结果为纯黑色。

RGB颜色模式是根据颜色发光的原理来设定的，其颜色混合方式就好比有红、绿、蓝三盏灯，当它们的光线相互叠加的时候，色彩相混，而亮度却等于两者亮度的总和。因此三色混合后数值越大颜色亮度越高，即越叠加越明亮，而这种混合方式被称作加法混合。

06 CMYK 颜色模式

CMYK颜色模式是一种用于印刷输出的颜色模式，与油墨颜料有关。其中的4个字母分别代表青色、洋红、黄色和黑色4种颜色，在印刷中四色油墨的混合产生出其他颜色。

在Photoshop中可通过"颜色"面板对图像的颜色模式进行查看，不同的颜色模式下，面板中各通道的显示情况也有所不同。

RGB 模式下的"颜色"面板　　　　　CMYK 模式下的"颜色"面板

07 Lab 颜色模式

Lab颜色模式是由RGB三基色转换而来的。该颜色模式由一个发光率（Luminance）和两个颜色轴（a，b）组成。它是一种独立于设备的颜色模式，即不论使用任何一种监视器或者打印机，Lab的颜色不会发生任何变化。

08 多通道模式

多通道模式在每个通道中使用256级灰度，可以将一个以上通道合成的任何图像转换为多通道图像，原来的通道被转换为专色通道。这对有特殊打印要求的图像非常有用，若图像中只使用了一两种颜色时，使用多通道模式可以减少印刷成本并保证图像颜色的正确输出。

动动手 转换颜色模式

 视频文件：颜色模式的转换.swf　最终文件：第1天\Complete\01.psd

❶ 打开本书配套光盘中第1天\Media\01.jpg图像文件。在软件界面右下角单击打开"通道"面板，在其中可看到，此时的通道由RGB、红、绿和蓝4个通道组成，说明该图像的颜色模式为RGB颜色模式。

❷ 在软件中执行"图像>模式>Lab颜色"命令。

❸ 此时图像效果保持不变，但在"通道"面板中可看到，组成图像的通道已经发生改变，图像的颜色模式也由RGB颜色模式转换为Lab颜色模式。

学习感悟：快速转换颜色模式

执行"图像>模式"命令，在弹出的级联菜单中包含有位图、灰度、双色调等多种颜色模式，单击选择其中的任何一项，即可将图像转换为相应的颜色模式，如选择"索引颜色"选项即可将其转换为索引颜色模式。

专题5 了解最常用的辅助工具

在使用Photoshop进行图像编辑和处理时，辅助工具的应用可以在很大程度上让操作更加快速便捷，如利用缩放工具和抓手工具可快速缩放图像并查看图像中的指定区域；利用吸管工具可取样指定区域的颜色信息并应用到图像处理中；利用标尺工具可使图像编排处理中的操作更加精确；以及利用裁剪工具和切片工具可调整图像的画面构图效果等。

01 放大缩小图像——缩放工具

使用缩放工具可快速调整图像在工作区中的显示大小，常用于需要查看图像的局部细节。在Photoshop中打开一幅图像文件，选择缩放工具🔍后将光标移动到图像中，当光标变为🔍形状时单击鼠标即可放大图像，连续单击则连续放大图像。在属性栏中单击"缩小"按钮🔍，将光标移动到图像中，当光标变为🔍形状时单击即可缩小图像，多次单击即可连续缩小图像。

打开的图像

放大显示的图像效果

学习感悟：查看图像显示有妙招

哇哈哈！在缩放工具的属性栏中有"实际像素"、"适合屏幕"、"填充屏幕"和"打印尺寸"4个按钮，单击不同的按钮则图像将根据相应的功能，在工作区中显示不同的大小。

02 随意移动图像——抓手工具

抓手工具用于拖动图像以查看指定区域的图像效果，特别是在当图像放大到整个窗口无法全部显示的情况下，通过抓手工具拖动图像，可对图像的边缘及细节进行查看。

其操作方法是，选择抓手工具🖐，将光标移动到图像中，光标将变为🖐形状，此时可向多个方向进行拖动，以便查看更多的图像细节。

03 吸取图像颜色——吸管工具

吸管工具用于取样图像或色板、拾色器中的颜色。直接在图像中取样背景色，只需选择工具箱中的吸管工具 ✐ 后，移动光标到图像中，在需要吸取颜色的地方单击即可取样该处的颜色，此时的颜色显示为前景色，也可在按住Alt键的同时单击图像指定位置以取样为背景色。若在"拾色器"对话框打开的状态下或是将光标移动至"色板"面板中时，则不需选择该工具，可直接取样颜色。

使用吸管工具吸取图像颜色

在"色板"面板中吸取颜色

学习感悟： 有趣的吸色圆环

在使用吸管工具取样颜色时，若开启了"OpenGL绘制"功能，此时在图像中取样颜色，会在单击鼠标左键的同时显示出圆环形颜色环，上半环显示吸取的颜色，下半环显示原默认的颜色。按住Shift+Alt键单击鼠标右键，可以显示颜色HUD拾色器色相条纹，移动标光可以对颜色任意选取。**很神奇吧！**

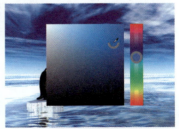

圆形色相环

HUD 拾色器色相条纹

04 校正图像——标尺工具

Photoshop中，标尺工具的主要功能是用于定位和测量图像中两点间的距离，使用该工具定位图像中的两点之后，还可计算该定位方向与图像水平方向之间的夹角。在工具箱中单击标尺工具 ▦，然后在画面中单击创建定位第一个点，按住左键并拖动鼠标至另一点后释放鼠标可创建一条参考线。创建后的相关信息会显示在属性栏中，包括坐标位置和参考线的长度等。

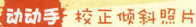
 校正倾斜照片

视频文件：校正倾斜照片.swf　　最终文件：第1天\Complete\02.jpg

❶ 打开本书配套光盘中第1天\Media\
02.jpg图像文件。在工具箱中选择标尺
工具，沿草地倾斜面创建一条参考线。

❷ 此时单击标尺工具属性栏中的"拉直"按钮，软件将自动对图像进行旋转画布
及裁剪的操作，从而让图像中的草地与水平面齐平，达到修正倾斜照片图像的目
的。在"历史记录"面板中可看到相应的操作步骤。

❸ 按下快捷键Ctrl+B，打开"色彩平衡"对话框，在其中分别拖动"青色"、
"洋红"以及"黄色"选项的滑块，以调整参数，完成后单击"确定"按钮，适
当改变图像中的颜色，使其更自然。

05 旋转画布——旋转视图工具

旋转画布在很多情况下都适用，它能使绘画或绘制变得更加容易。可使用旋转视图工具来进行此操作，它能在不破坏图像像素的基础上旋转画布，避免图像发生变形。

旋转视图工具被收录在抓手工具组中，选择旋转视图工具 ，在图像中单击并拖动鼠标，此时在图像中会显示出灰色的罗盘，红色的指针表现图像旋转后的角度，底部的灰色罗盘则固定不变，始终指向南北方向，此时可将画布旋转到任意角度。具体旋转的角度数值会显示在属性栏的"旋转角度"文本框中。在对画布进行旋转后，若要将画布恢复到原始角度，可单击属性栏中的"复位视图"按钮。需要注意的是，在使用旋转视图工具旋转画布之前需要先启用"OpenGL绘图"功能。

打开的图像

旋转后的画布

提示：快速开启"OpenGL绘图"功能

启用"OpenGL绘图"功能的方法是，执行"编辑>首选项>常规"命令或按下快捷键Ctrl+K打开"首选项"对话框，单击"性能"选项，在打开的选项面板的"GPU设置"选项组中勾选"启用OpenGL绘图"复选框，单击"确定"按钮。需要关闭并重启软件后该设置方可生效。然后打开任意图像，此时可看到图像周围出现了一层淡淡的阴影效果，说明开启了OpenGL绘图功能 哦！

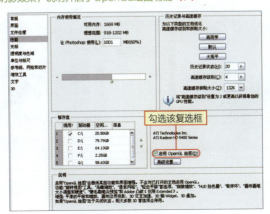

"首选项"对话框"性能"选项面板

06 裁切图像大小——裁剪和切片工具

在Photoshop中，可用于裁切的工具有裁剪工具和切片工具，裁剪工具主要用于裁剪图像以调整图像的构图，也可通过裁剪工具实现图像尺寸的调整。单击裁剪工具 🔲，在图像中需要裁切的部分单击并拖曳出裁剪框，释放鼠标，在图像中可以看到，裁剪框外部的图像变暗显示，按下Enter键即可确认裁剪。此时还可勾选属性栏中的"透视"复选框，然后调整裁剪框的控制点，改变裁剪框的形状，按下Enter键以应用裁剪效果，此时裁剪后的图像发生了一定的透视变化。

创建裁剪框

拖动调整控制点

调整裁剪框的透视控制点

裁剪图像后

使用裁剪图像的方法来调整图像的尺寸，还有一个简洁的方法，利用裁剪工具拖曳出裁剪框，并调整裁剪框使其比原来的图像更大一些，此时按下Enter键所得到的图像将比原来的图像大，而增加的图像部分会自动填充背景色。

调整控制框

确认裁剪后的效果

切片是指将一整张图切割成若干大小的块状，以便对整体图像进行定位分区，切片图像常用于网页设计中，以便网络载入操作。Photoshop中的切片工具就主要用于创建切片，利用切片工具创建切片后，可将切片存储为Web和设备所用格式。

切片工具的使用方法是，打开图像后单击切片工具，在图像中单击并拖动鼠标绘制切片区域，释放鼠标后，图像被分割为两个区域，每部分图像的左上角显示序号。在图像中的相应切片区域内单击鼠标右键，在弹出的快捷菜单中选择"划分切片"选项，打开"划分切片"对话框，在其中勾选"水平划分为"和"垂直划分为"复选框，并在相应数值栏中输入需要的切片数，以调整切片的个数。同时，在图像中拖动切片框的边缘，可调整切片的大小和位置。创建切片后执行"文件>存储为Web和设备所用格式"命令，在弹出的对话框中，设置存储文件至指定的位置后单击"存储"按钮。完成后打开所在文件夹即可查看切片图像效果。

创建的切片

勾选复选框并输入数值

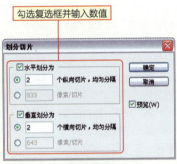

调整切片数量

向右移动位置

调整切片位置

切片图像

保存为 Web 和设备所用格式的切片图像

提示：裁剪工具的妙用

单击裁剪工具，在属性栏上可以对需要裁剪的图像区域大小进行设置，在图像单击拖动鼠标，可以建立与设置的参数比例相同的裁剪框，准确地创建出相应的裁剪区域，完成后按下Enter键确认图像裁剪效果。如果不需要按照规定的比例进行裁剪，可以单击属性栏上的 清除 按钮，清除设置的参数。很方便的哦！

专题6 **Photoshop CS5的新功能**

Photoshop CS5版本是Photoshop软件的最新版本，该版本在延续以往CS系列的基础上优化了软件的使用功能，并新增了一系列的新功能，特别添加了智能处理技术，如智能填充功能、智能修补功能和变形技术等。同时也对各种命令与功能得到了很好地扩展，下面就来一起体验Photoshop CS5的新增功能吧！

01 选择性粘贴

选择性粘贴是指有选择性地将图像粘贴至指定的区域，该命令可以说是CS5版本的入门级新增功能。执行"编辑>粘贴>选择性粘贴"命令可弹出该命令的级联菜单，其中包含了"原位粘贴"、"贴入"和"外部粘贴"命令。"原位粘贴"是将图像以原始图像像素粘贴，而在创建选区后，则可激活"贴入"和"外部粘贴"命令，选择"贴入"命令，将图像粘贴至选区内，并在"图层"面板中创建新的图层蒙版；选择"外部粘贴"命令，则将图像粘贴至选区外，同样在"图层"面板中创建新的图层蒙版。

其操作方法是，在Photoshop中分别打开两个图像，对其中一个图像进行复制操作，然后在另一个图像中执行"编辑>选择性粘贴>原位粘贴"命令，即可将复制的图像粘贴到该图像文件中。也可在图像中创建选区，执行"编辑>选择性粘贴>贴入"命令，在选区中贴入图像。

图像一

图像二

选择性"原位粘贴"图像一到图像二中

创建选区   选择性"贴入"   选择性"外部粘贴"

02 智能化的填充命令

内容识别填充功能也是CS5版本新增加的功能，利用该功能可以对变形物体进行修改，也可以对图像进行修改、移动或删除，还可应用智能化的感应对选区内图像进行识别填充。其方法是在Photoshop中打开一个有残缺的图像，在图像中需要修复的地方建立选区，执行"编辑>填充"命令，打开"填充"对话框，在"内容"选项组中的"使用"下拉列表中选择"内容识别"选项，单击"确定"按钮，此时软件自动以选区外的图像对选区内的图像进行修补填充，使填充效果更加自然。

使用内容识别填充

残缺的图像

创建的选区

填充后的效果

03 区域删除

区域删除功能同样也体现了智能填充的原理，通过应用"填充"对话框中的"内容识别"选项而对图像中的特定区域进行修补性填充。在需要删除的区域创建选区后，执行"编辑>填充"命令，在弹出的对话框中选择"内容"选项组中的填充类型为"内容识别"，单击"确定"按钮即可将选区周围的像素作为样本填充选区，达到自然的填充效果。

创建的选区

删除后的效果

04 智能修补工具

智能修补工具多用于修补图像或去除图像中的局部区域，由于在CS5版本中添加了智能化因素，使得对图像的修补更改更具真实感。这项功能可结合污点修复画笔工具和修补工具来进行。使用污点修复画笔工具修补图像时，只需在要修补的区域直接涂抹即可，修复的效果与以往相比将更加自然；而利用修补工具修补图像，则是通过在需要修补的区域创建选区后，将该选区拖曳至想要达到的效果区域，然后释放鼠标完成修补效果。

使用污点修复画笔工具涂抹

使用修补工具创建并移动选区

修复后的图像

05 操控变形

操控变形功能是一项新增的智能化变形功能，使用该功能可以在图像中针对某个点进行拖曳变形图像，让图像变形更细致合理，可以说是变形图像功能上的一个震撼性变革。打开图像后，执行"编辑>操控变形"命令，此时沿图像轮廓显示出变形网格。单击网格上的任意一个点即可创建用于固定该点图像的图钉，即控制点，当创建多个控制点后，拖动其中任一控制点即可对图像进行智能化变形，按下Enter键快速应用变形。

原图像

添加并调整图钉

创建控制点

变形后的图像效果

06 调整蒙版命令

CS5版本中新增的"调整蒙版"命令不仅可以消除选区边缘的背景色，还可以自动调整选区边缘并改进蒙版，使选择图像更加精确。在图像中创建选区后执行"选择>调整边缘"命令，或在选区工具的属性栏中单击"调整边缘"按钮，打开"调整边缘"对话框，在其中对选区的边缘平滑度、羽化度和对比度等进行调整，而调整选区边缘后应用调整选区的视图模式可将选区内的图像以蒙版状态创建抠图效果。

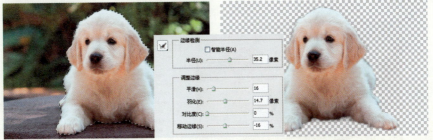

创建的选区　　　　　　设置调整边缘的参数　　　　　　抠取图像效果

07 自动镜头更正

在Photoshop CS5中，原有的"镜头校正"滤镜已从"扭曲"滤镜组中分离出来，成为滤镜菜单中一个独立的菜单命令。应用"镜头校正"滤镜调整图像透视，可恢复图像的透视方向并让图像的校正效果更加自然。

打开图像后执行"滤镜>镜头校正"命令，在打开的对话框中可通过搜索相机的型号来自动校正图像的透视效果，也可单击"自定"标签，切换到该选项卡设置参数添加图像的夸张透视效果，单击"确定"按钮应用效果。

原图像

设置参数

校正透视效果后的图像

08 支持 HDR 调节

CS5版本更新了对高动态范围的技术支持，新增的"HDR色调"命令通过使用超出普通范围的颜色值，渲染出具有纪实性效果的色调，可用来修补太亮或太暗的图像。

执行"图像>调整>HDR色调"命令，打开"HDR色调"对话框，在其中设置图像的"边缘光"、"色调和细节"以及"色调曲线和直方图"等属性参数，将普通的图像色调转换为多种HDR色调样式，如"高光压缩"和"局部适应"色调效果等，以增强图像特殊色调的视觉效果。

原图像

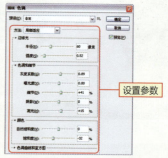
设置参数

应用"局部适应"HDR色调效果的图像　　　　应用"曝光度和灰度系数"效果的图像

09 64位 Mac OS X 支持

　　Photoshop软件一直在不断地完善自身，创建出更多的新功能，在Photoshop CS5中已在Windows上实现了64位图像调整，现在平行移入了Mac平台，用户可通过Mac系统的4GB内存，在Photoshop CS5中处理高品质的图像。

10 处理相机中的 RAW 文件

　　Photoshop CS5将功能延伸到了对相机的支持上，附加程序可处理相机产生的原始图档，还可对撷取自影像感测器进行转换，其过程自动添加了新的高画质的处理演算法。Adobe将这项去除杂质和边缘锐化的技术引进Lightroom 3，基于Lightroom 3，则可以在无损的条件下优化图片的降噪和锐化处理效果。

11 全新的笔刷系统

　　Photoshop CS5 的智能化功能即使在细节操作时也能体验得到。在"画笔"面板中新增了逼真的笔刷样式，将以往的画笔预设选项分离为新面板，可通过单击"画笔"面板中的相关按钮自由切换面板区域，这些功能都进一步提升了软件的绘图功能。本次升级的笔刷系统将以画笔和染料的物理特性为依托，新增多个参数，实现较为强烈的真实感。

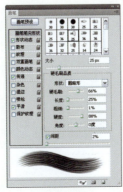
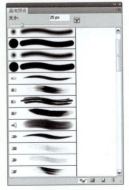

"画笔"面板　　　　　　　　　　"画笔预设"面板

12 3D "凸纹" 命令

　　CS5版本的3D菜单命令中新增了 "凸纹" 命令，在应用过程中可结合选区，将2D图像转换为3D图像，并通过在3D空间中对图像进行凸出、膨胀等样式的调整，为图像添加立体效果的同时应用不同的塑形处理或图案添加效果。

　　在图像中创建选区后方能激活该命令，然后执行 "3D>凸纹>当前选区" 命令打开 "凸纹" 对话框。在该对话框的 "凸纹形状预设" 选项组中可以设置凸纹的形状样式，通过单击选择相应的预设样式图标，来对生成的3D模型进行调整。默认情况下软件提供了18种样式以供选择，此时还可单击选项组右上角的扩展按钮 ⊙，在弹出的菜单中选择 "载入凸纹预设" 选项，重新添加其他格式的形状样式，来扩展样式的应用。

　　在 "材质" 选项组中可分别选择3D模型的不同部分，然后对其使用材质，从而调整3D效果。还可通过单击辅助线显示按钮 🖾，在弹出的菜单中选择显示或者隐藏辅助线的命令。

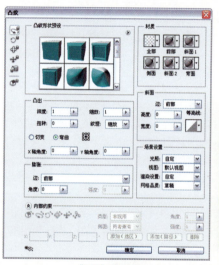

"凸纹" 对话框

创建的选区

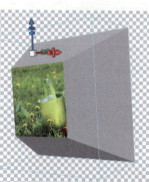

应用 ■ 样式预设的效果

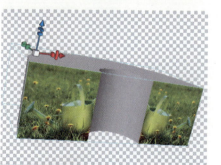

应用 ✎ 样式预设的效果

1. 选择题

（1）位图又称为（　　）。

　　A．向量图　B．点阵图　　　C．像素图　　　D．图像

（2）不属于本章中介绍的专业术语是（　　）。

　　A．像素　　B．文件格式　　C．分辨率　　　D．位图

2. 填空题

（1）矢量图又称为＿＿＿＿＿＿＿＿。

（2）要将RGB颜色模式的图像转换为多通道颜色模式，可执行"图像>模式"命令，在弹出的级联菜单中选择＿＿＿＿＿＿命令。

（3）学习好Photoshop可帮助用户成为＿＿＿＿＿＿、＿＿＿＿＿＿、
　　＿＿＿＿＿＿、＿＿＿＿＿＿和＿＿＿＿＿＿方面的人才。

3. 上机操作：显示CS5新增功能

　　在工作界面的标题栏中单击»图标，在展开的菜单中选择"CS5新功能"命令选项，更换为相应的界面。此时展开任一菜单或级联菜单，Photoshop CS5的新增功能命令将以蓝色高亮显示。

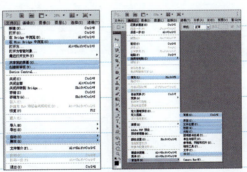

1. 执行命令　　2. 显示右侧面板　　　3. 展开菜单命令查看新功能

答案

1. 选择题　　（1）C　　　　（2）B

2. 填空题　　（1）向量图　　（2）多通道

　　　　　　　　（3）数码摄影后期设计师　专业插画师　专业平面设计师
　　　　　　　　网页界面设计师　包装设计师

感受Photoshop
基本操作

第2天

天气情况

努力指数 ★★★

忘我指数 ♡♡♡♡

专题1 文件操作第一招

在Photoshop CS5中，文件是图像的载体，学习关于文件的操作，是掌握软件操作的第一步。文件的管理操作包括文件的新建、打开、存储、导入和导出、置入等，灵活掌握这些操作，是深入学习图像处理的前提。

01 新建和打开文件

新建文件是指在Photoshop 工作界面中创建一个自定义尺寸、分辨率和颜色模式的图像窗口，在该图像窗口中可进行图像的绘制、编辑和保存等操作。可执行"文件>新建"命令或按下快捷键Ctrl+N，打开"新建"对话框，在其中可设置新文件的名称、宽度、高度、分辨率、颜色模式和背景内容等参数，完成后单击"确定"按钮即可新建一个空白文件。

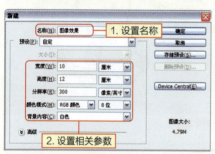

"新建"对话框　　　　　　　　　新建的空白文件

打开文件是指将电脑中存储的图像文件转入到Photoshop中。可通过执行"文件>打开"命令打开"打开"对话框，也可按下快捷键Ctrl+O或是在Photoshop工作区中直接双击灰色区域，都可弹出"打开"对话框，在"打开"对话框中可根据存储图像文件的路径选择位置，然后单击选择相应的文件后，单击"打开"按钮，即可将选中的图像文件显示在Photoshop工作区中。

学习感悟： 打开图像文件的快捷键方式

哇哈哈！在Photoshop中还有一种打开图像的快捷方法：启动Photoshop软件后将其最小化，选中一幅或多幅图像后将其拖曳到桌面任务栏软件图标上，将弹出相应的工作界面，在其中释放鼠标，即可快速打开这些图像。

"打开"对话框

打开的图像文件

02 导入和置入文件

在实际运用中，经常会使用到在其他软件中处理过的图像文件，此时可使用"导入"命令将图像文件在Photoshop中打开，以方便对其进行操作。导入的文件可以是PDF图片，也可以是利用数码相机拍摄的照片或由扫描仪扫描得到的图片。将数码相机等外部输入设备连接到计算机中后，即可在"导入"命令的级联菜单中看到相应的命令。而PDF格式的文件可直接拖曳到软件工作区中，此时在相应的对话框中还可对缩览图大小进行调整，也可对图像的比例、分辨率、模式等进行相关设置，完成后单击"确定"按钮即可导入文件。

置入文件是将新的图像文件置入到新建的或已打开的图像文件中，该操作只有在Photoshop工作界面中已经存在图像文件时才能进行。使用"置入"命令还可将使用Illustrator制作的AI格式文件以及EPS、PDF、PDP文件置入到当前操作的图像文件中。

置入文件的方法是，在Photoshop中打开图像文件后执行"文件>置入"命令，打开"置入"对话框，在其中选择需要置入到图像窗口中的文件，单击"置入"按钮即可。此时置入的文件以智能对象的形式出现在已打开的图像上，且置入图像上出现交叉线框，可对其进行大小及位置的调整，完成后按Enter键确认置入。

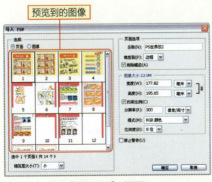

"导入 PDF"对话框

"置入"对话框

调整图像大小

置入的图像

调整置入的图像

03 存储文件

　　Photoshop 中存储图像文件的方法分为直接存储文件和另存为文件两种。

　　直接存储文件适用于对已有的图像文件进行编辑，如不需要对文件名、文件类型、存储位置进行修改的文件，即可执行"文件>存储"命令或按下快捷键Ctrl+S存储文件，覆盖以前的图像效果。而另存为文件则适用于对图像进行调整时，执行"文件>存储为"命令或按下快捷键Shift+Ctrl+S，打开"存储为"对话框，在其中可设置新的文件名、文件类型或存储位置，可在保留原文件的同时存储为一个新的图像文件。

"存储为"对话框

学习感悟： 存储为不同格式的文件

在Photoshop中，打开"存储为"对话框后选择不同的存储文件的格式，在工作界面中会弹出相应的提示对话框或参数设置对话框，如"PNG选项"对话框、"JPEG选项"对话框以及"TIFF选项"对话框等，在这些对话框中进行相应设置后单击"确定"按钮，即可将图像文件存储为不同的文件格式。**很神奇吧！**

"JPEG选项"对话框

专题2 定制专属的工作环境

在Photoshop CS5中，可通过一系列的设置来优化软件的运行环境，从而让操作更方便快捷，同时也可以打造出专属于自己的个性Photoshop软件工作环境，让图像处理更加得心应手。

01 首选项设置

在Photoshop中要对软件的运行系统进行设置与优化，都可通过首选项设置来进行调整，其中可针对常规、界面、性能、光标以及透明度与色域等方面的选项进行相应的设置。通过执行"编辑>首选项>常规"命令或按下快捷键Ctrl+K，即可打开"首选项"对话框，在其中进行相关选项设置。

1. 常规设置

常规设置即最常见的设置，通过对常规界面的设置，可以对Photoshop的拾色器类型、色彩条纹样式以及窗口的自动缩放等进行调整或更改。这里以设置调整窗口大小为例，具体介绍常规选项的设置。

默认情况下打开的"首选项"对话框中显示的为"常规"选项面板，在"选项"选项组中勾选"缩放时调整窗口大小"复选框，单击"确定"按钮应用设置。此时在Photoshop工作区中打开任意一个图像，使用缩放工具在图像中单击，此时图像窗口会自动跟随图像的比例大小而进行自动调整。

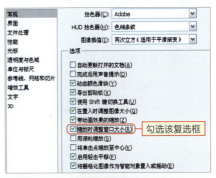

"常规"选项面板

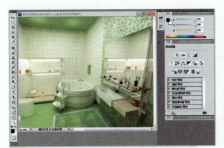

放大图像，窗口跟随放大

缩小图像，窗口跟随缩小

2. 界面设置

在"首选项"对话框中，可通过设置界面选项的相关参数，来更改工具箱、通道颜色、菜单颜色以及界面字体大小等内容。同样打开"首选项"对话框并切换到"界面"选项面板，在"常规"选项组中勾选"用彩色显示通道"复选框，单击"确定"按钮应用设置。此时在"通道"面板中可以看到，各个通道的颜色由原来的灰色显示效果变为了带颜色的显示效果。

"界面"选项面板

原通道效果

彩色显示的通道效果

3. 性能设置

性能设置是首选项设置中比较重要的一个环节，包括了暂存盘的设置、历史记录状态的设置、高速缓存的设置等。通过设置软件的暂存盘可以优化Photoshop软件在操作系统中的运行速度；设置软件历史记录的数量可以对在Photoshop中执行过的操作进行存储。可在"首选项"对话框的"性能"选项面板的"暂存盘"选项组中勾选"D:\"前的复选框，让C盘和D盘同时作为软件运行时的临时存储盘，加大了存储空间，从而优化了软件的运行速度。同时，软件为用户提供的历史记录个数的数值在1~1000之间，在"历史记录状态"数值框中输入数值为50，则可以针对50步的操作进行存储，以便恢复图像。需要注意的是，此时的数值设置不宜过大，否则会在一定程度上消耗暂存空间，从而影响运行速度。

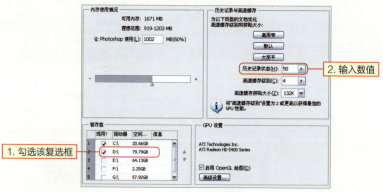

"性能"选项面板

提示：轻松设置电脑内存使用情况

在"性能"选项面板中还可在"内存使用情况"选项组中设置电脑分配给Photoshop的内存量，直接拖动滑块或输入数值即可。完成设置后单击"确定"按钮，需要重新启动Photoshop，设置才能生效 哦！

4. 光标设置

通过光标设置可调整光标在软件中的显示方式。打开"首选项"对话框，在"光标"选项面板的"绘画光标"选项组中即可设置绘图工具，如画笔、铅笔、橡皮擦、图案图章等工具的光标在Photoshop中的显示方式。在"其他光标"选项组中可设置其他工具的光标显示方式。此时只需要选中相应的单选按钮即可进行相应的设置，完成后单击"确定"按钮应用设置。

选中该单选按钮

"光标"选项面板

选中"精确"单选按钮时的光标形态

5. 透明度与色域设置

通过透明色与色域设置可将图层的透明区域和不透明区域设置为不同的颜色，让软件的界面更符合不同用户的喜好。透明区域的设置方法是在"首选项"对话框的"透明度与色域"选项面板中，单击"透明区域设置"选项组中的灰色色块（默认情况下风格颜色为灰色），打开"选择透明网格颜色"对话框，在其中设置想要的颜色，单击"确定"按钮应用设置，此时"首选项"对话框中的网格颜色变为设置的颜色。为了更直观地显示设置透明区域后的效果，我们可以在"图层"面板中新建图层，新图层的缩览图以透明网格显示，由于对透明区域进行了设置，此时透明网格的颜色与之前发生了改变。

单击颜色色块

原图层缩览图效果

应用设置后的效果

学习感悟： 调整网格大小和颜色

在"网格大小"和"网格颜色"下拉列表中选择相应的选项，可继续调整透明区域的网格效果。一定要记住哦！

动动手 设置"首选项"对话框参数

 视频文件：设置"首选项"对话框参数.swf   最终文件：第2天\Complete\01.psd

❶ 打开本书配套光盘中第2天\Media\01.jpg图像文件。执行"视图>显示>网格"命令或按下快捷键Ctrl+'，在图像中显示出网格效果。

❷ 按下快捷键Ctrl+K打开"首选项"对话框，在"参考线、网格和切片"选项面板中的"网格"选项组中设置"颜色"为黄色，并调整其后的"网格线间隔"和"子网格"的数值。

❸ 单击"确定"按钮应用设置，在图像中可以看到网格的颜色和大小都发生了变化。单击矩形选框工具 ，在图像中单击并拖动，绘制一个矩形选区。

绘制选区

❹ 在"图层"面板中按下快捷键Ctrl+J，复制"背景"图层得到"图层1"，调整其混合模式为"叠加"，加强选区的图像效果。

设置混合模式

❺ 单击"背景"图层，继续使用矩形选框工具▢在图像中单击并拖动，绘制另一个矩形选区，按下快捷键Ctrl+J复制得到"图层2"，设置与"图层1"相同的混合模式调整图像效果。

❻ 继续使用相同的方法绘制不同区域的选区，然后复制得到"图层3"～"图层5"，在"图层"面板中设置这些图层的混合模式为"亮光"，加强效果。再次按下快捷键Ctrl+'隐藏网格。

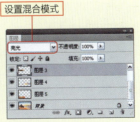

设置混合模式

提示：神奇的"OpenGL绘图"功能

在"首选项"对话框中，勾选"性能"面板中的"启用OpenGL绘图"复选框，才能在软件中使用旋转视图工具、"鸟瞰缩放"、"像素网格"、"轻击平移"、"HUD拾色器"、"取样环"、"画布画笔大小调整和硬度"、"3D凸纹"命令等。如果OpenGL绘图功能处于关闭状态，大多数3D命令将会停用 哦！

02 快捷键设置

　　快捷键是每个软件必备的功能之一，熟练掌握相关操作的快捷键，可在一定程度上提高操作速度，同时也提高了工作效率。Photoshop中的快捷键除了软件默认的外，还可以通过快捷键设置，将相关功能的快捷键调整为适合自己的。

　　设置快捷键的具体操作方法是，在Photoshop中执行"编辑>键盘快捷键"命令或按下快捷键Alt+Shift+Ctrl+K，打开"键盘快捷键和菜单"对话框，此时可看到，默认情况下显示"键盘快捷键"选项卡，在其下拉列表中单击"编辑"旁的▶按钮，此时显示出该菜单下的操作命令及快捷键。此时可在其中单击需要重新设置的快捷键，使其呈反色显示，然后直接在键盘上按下新的快捷键，此时按下的快捷键显示在该处。若设置的快捷键与软件中其他命令的快捷键重复，会在快捷键后显示一个警告图标⚠，且在列表框下方提示该快捷键已经用于什么命令，重新设置一个不重复的快捷键后单击"确定"按钮即可应用设置。

"键盘快捷键"选项卡

显示菜单命令快捷键

显示"编辑"菜单下的命令快捷键

设置新快捷键

设置新的"还原/重做"命令快捷键

提示重复信息

提示快捷键重复

03 菜单设置

　　Photoshop中的菜单设置包括其中的11个菜单和其级联菜单的显示情况和颜色等。设置的具体方法是，执行"编辑>菜单"命令或按下快捷键Ctrl+Shift+Alt+M，打开"键盘快捷键和菜单"对话框，此时自动切换到"菜单"选项卡，单击"文件"旁的▶按钮，显示出该菜单下的命令。在"打开"命令中单击"无"，在弹出的列表中选择颜色为"橙色"。继续在"文件"菜单中分别将"打开为"、"最近打开文件"等命令的颜色设置为相同的橙色，完成设置后单击"确定"按钮即可应用设置。

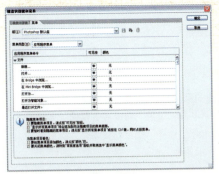

"菜单"选项卡

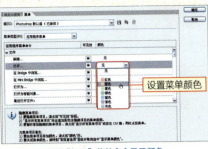

设置"打开"菜单命令显示颜色

继续设置菜单颜色

查看菜单颜色显示效果

学习感悟： 设置菜单的妙处

在神奇的Photoshop中通过对菜单命令的可见性和颜色的调整，使其更独特的同时也方便将一些常用的菜单命令突出颜色显示。另外，还可将一些不常用到的命令进行隐藏。

同理，选项"菜单类型"为"面板菜单"，采用相同的方法，也可以对面板中的菜单颜色以及隐藏状态进行设置。

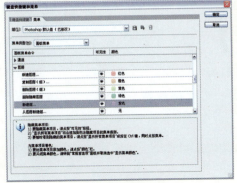

"面板菜单"对话框

面板菜单显示效果

动动手 个性化工作界面

 视频文件：个性化工作界面.swf

❶ 打开本书配套光盘中第2天\Media\02.jpg图像文件，此时在软件的工作界面中可以看到默认的面板效果。在右侧面板组中单击"颜色"面板右上角的扩展按钮 ，在弹出的扩展菜单中选择"关闭选项卡组"命令，则立即关闭了"颜色"、"色板"和"样式"面板，从而使右侧栏显示效果更加简洁。

❷ 继续使用相同的方法，将"调整"面板和"蒙版"面板同时关闭。然后单击"图层"面板标签，显示出"图层"面板，使右侧栏显示效果更符合图像处理的需要。

❸ 完成调整后可单击"显示更多工作区和选项"按钮 ，在弹出的菜单中选择"新建工作区"命令，打开"新建工作区"对话框，在其中设置名称后单击"存储"按钮，打造出个性的工作界面。

提示：更多的工作区设置

单击"显示更多工作区和选项"按钮 ，在弹出的扩展菜单中还可以选择系统预设的工作区。当对工作区中的面板进行移动后，可以通过选择扩展菜单中的复位选项对相应的工作区进行复位，还原默认工作区状态 哦！

专题3 了解色彩魅力

　　色彩是图像中非常具有表现力的一个关键点，Photoshop 中的色彩是可以进行选择或设置的，既可以使用"拾色器"对话框选择颜色，也可以使用"颜色"面板和"色板"面板选择颜色。在学习如何对色彩进行调整之前，我们先来系统地认识一下最常用的前景色和背景色。

01 前景色与背景色

　　在Photoshop工作界面的左侧停放着软件的工具箱，在其最下端有一个黑色和白色叠放在一起的区域。默认情况下，黑色色块叠放在上一层，称为"前景色"，而白色色块在底层，称为"背景色"。此时也可通过单击右上角的 图标，切换前景色和背景色，使其颜色显示刚好与默认相反。按下快捷键Alt+Delete可为图像或选区填充前景色，按下快捷键Ctrl+Delete可为图像或选区填充背景色。

默认前背景色　　切换后的效果

填充背景色

填充选区为背景色

02 使用拾色器选取颜色

　　单击前景色按钮即可打开"拾色器（前景色）"对话框，单击背景色按钮则打开的是"拾色器（背景色）"对话框。在其中可以看到，默认前景色为黑色时，R、G、B文本框中的参数值同为0，此时将光标移动到颜色区域中，在需要的颜色处单击鼠标，选中的颜色将自动出现在"新的"颜色框中，同时R、G、B文本框中的颜色值也发生了相应的变化。

　　需要注意的是，此时在"拾色器（前景色）"对话框中单击"颜色库"按钮即可切换到"颜色库"对话框，在其中显示了所选颜色对应的色标。

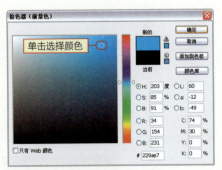

单击选择颜色

"拾色器（前景色）"对话框

回到"拾色器（前景色）"对话框中，单击"添加到色板"按钮打开"色板名称"对话框，在"名称"文本框中输入新的名称，单击"确定"按钮即可将选择的颜色添加到"色块"面板中。同时也将前景色设置为调整后的颜色效果。

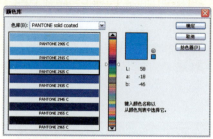

"颜色库"对话框

"色板名称"对话框

设置为蓝色后的前景色

03 使用"颜色"面板选择颜色

在Photoshop"基本功能"工作界面右侧面板组中显示有"颜色"面板，如果没有可通过执行"窗口>颜色"命令显示出"颜色"面板。在"颜色"面板中，默认情况下显示的为当前选择的前景色和背景色，要更改颜色可在选中相应色块后分别拖动R、G、B滑块或直接在其后的文本框中输入相应的数值，以调整颜色。

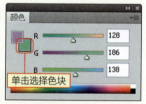

默认情况下的"颜色"面板

调整前景色后的"颜色"面板

调整背景色后的"颜色"面板

学习感悟： 在"颜色"面板中调整背景色

在"颜色"面板中，默认情况下改变的是前景色，若要改变背景色可在"颜色"面板中单击左上角的背景色块，使其边缘出现黑色线框，表示选中的是背景色，拖动滑块调整颜色后即可将该颜色默认为背景色。**很神奇吧！**

单击"颜色"面板右上角的扩展按钮，在弹出的扩展菜单中可以选择不同的颜色模式，可以打开相应的颜色面板进行参数值。

"HSB 颜色"面板

"CMYK 颜色"面板

扩展菜单

专题4 快速浏览图像

Photoshop 软件也涵盖了看图软件的功能，在其中能通过一些操作对电脑中存储的图像或照片进行浏览，方便观看图像，同时也能快速对图像进行调整。在Photoshop CS5中浏览图像的方法有两种，一种是使用软件自带的Adobe Bridge进行浏览，还有一种是使用新增的Mini浏览器浏览。

01 利用 Adobe Bridge 浏览图像

Adobe Bridge是Photoshop的一个插件，用于浏览图像文件和编辑图像文件的相关信息。在Photoshop工作区中执行"文件>在Bridge中浏览"命令，或是在Photoshop顶端的应用程序栏中单击"启动Bridge"按钮，均可启动Adobe Bridge以显示出其界面窗口，在其中可以系统地管理并快速查找图像资源。

启动Adobe Bridge后，用户可通过左侧的树形结构方便快捷地对图像的存储位置进行定位，如单击"我的电脑"选项，在"内容"区中选择存储图像的磁盘，这里选择"资料（F:）"盘，双击打开其中的"个性图片"文件夹，此时在"内容"区中则显示出该文件夹中的所有图像。单击"内容"区中的任一图像文件，可在右侧的面板中显示该图像的相关信息，双击图像文件即可在Photoshop中打开该图像。需要注意的是，此时还可以在右侧上方的"预览"区中对所选图像进行预览、旋转、重命名以及排序等操作，拖动下方的滑块还可调整"内容"区中图像的显示比例，以便查看图像效果。

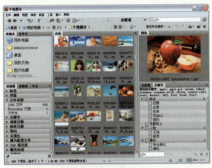

Adobe Bridge 界面窗口

拖动滑块调整显示比例

放大显示预览区中的图像

提示：方便的图像浏览工具

在Adobe Bridge中还可以对所选图像进行方向旋转，并且在"预览"面板中单击鼠标，可以对图像局部进行放大，观察局部图像效果，是一个非常方便的图像浏览工具哦！

动动手 批处理图片重命名

 视频文件：批处理图片重命名.swf 最终文件：第2天\Complete\03文件夹

❶ 打开本书配套光盘中第2天\Media\03文件夹，此时可看到，文件的名称比较乱，且名称比较长。在Photoshop中单击"启动Bridge"按钮 ，打开Adobe Bridge界面窗口，在其中根据左侧树型目录结构浏览03文件夹中的内容。

浏览图像

❷ 按住Ctrl键的同时单击"内容"区中的图像，选中所有图像后单击菜单栏下的"优化"按钮 ，在弹出的菜单中选择"批重命名"命令，在弹出的对话框中选中"复制到其他文件夹"单选按钮，激活"浏览"按钮，单击打开"浏览文件夹"对话框，重新设置文件夹位置后设置序列数和位数，然后单击"重命名"按钮。此时在存储目录下即可查看到重命名后的图像文件。

1. 选中单选按钮

3. 设置序列

2. 设置存储位置

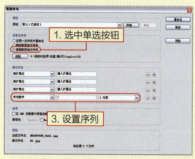

重命名后的图像文件

02 利用 Mini Bridge 浏览图像

在打开Photoshop的同时再打开Adobe Bridge，从某种意义上来讲，等同于同时打开了两个应用软件，这样会占用较多的系统资源，而 CS5版本在软件中内置了Mini Bridge，可满足最常用的浏览和操作功能，免去来回切换窗口的不便，同时也提升了软件的运用编辑速度。

在Photoshop CS5中可通过单击界面应用程序栏中的"启动Mini Bridge"按钮或单击面板组中的Mini Bridge按钮启动Mini Bridge。默认情况下显示Mini Bridge的主页，此时可拖动该面板使其脱离面板组，成为独立的浮动面板，在其中可单击"浏览文件"按钮切换到Mini Bridge的编辑面板中。在打开的面板中单击"主页"按钮切换回主页显示状态。

在显示出Mini Bridge的编辑面板后，可直接拖动面板边缘调整面板的大小，根据文件的存储路径，即可打开相应的文件夹。在"内容"区中单击选择一幅图像，即可在预览区中查看该图像效果。需要注意的是，此时还可单击"面板视图"按钮，在弹出的菜单中默认勾选了"路径栏"、"导航区"、"预览区"3个选项，此时单击相应的选项即可取消其勾选状态，在Mini Bridge面板中可看到，已隐藏了相应的区域。

默认情况下的 Mini Bridge 面板

在 Mini Bridge 面板中浏览图像

调整后的 Mini Bridge 面板

提示：显示个性化Mini Bridge主页

启动Mini Bridge后单击"更改Mini Bridge设置"按钮，在打开的页面中单击"更改面板外观"按钮，在打开的页面中可对用户界面亮度和图像背景进行设置，以打造个性化界面哦！

动动手 使用Mini Bridge搜索照片

视频文件：使用Mini Bridge搜索照片.swf

❶ 这里以04文件夹为例进行介绍搜索照片的方法。打开本书配套光盘中第2天\Media\04文件夹，此时可看到，该文件夹中有很多文件，若要寻找其中的一张照片时，则无法快速找到相应的照片。此时启动Mini Bridge，单击"浏览文件"按钮，在导航区中定位到要搜索照片的04文件夹中。

选择文件夹

❷ 在 Mini Bridge面板中单击"搜索"按钮，弹出灰色的界面，在搜索文本框中输入关键字，设置搜索文件夹后单击"搜索"按钮。完成搜索后可看到，名为"小草"的照片图像置于"内容"区中显示，此时使用鼠标双击该照片，即可在Photoshop中快速打开该照片文件。

1. 设置搜索名称

2. 搜索到的图像

3.打开的图像文件

今日作业

1. 选择题

（1）在Photoshop CS5中，若需要快速保存文件可按下快捷键（　　）。

　　A．Ctrl+S　　　　　B．Ctrl+N　　　　C．Ctrl+O　　　　D．Ctrl+C

（2）要设置Photoshop CS5中"历史记录"面板中的保留个数，可以在"首选项"对话框中的（　　）选项面板中进行。

　　A．文件处理　　　　B．常规　　　　C．性能　　　　D．界面

2. 填空题

（1）在Photoshop中处理图像时，若是添加了参考线后需要更改参考线的颜色时，可在"首选项"对话框中的＿＿＿＿＿＿选项面板中进行设置。

（2）在"首选项"对话框的"界面"选项面板中勾选"用彩色显示通道"复选框后，此时"通道"面板中的各个通道的颜色由灰色变为了＿＿＿＿＿＿。

（3）在使用"颜色"面板调整颜色时，默然调整前景色，若要调整背景色，则需要在其中单击＿＿＿＿＿＿，使其边缘出现黑色线框，然后进行调整即可。

3. 上机操作：调整工作区域颜色

在"首选项"对话框中的"界面"选项面板中，在"标准屏幕模式"下拉列表中选择"选择自定颜色"选项，即可调整工作区颜色。

1.选择选项

2.设置颜色　　　　　　　　3.查看工作区颜色

答案

1. 选择题　　　（1）A　　　　　（2）C

2. 填空题　　　（1）参考线　网格和切片

　　　　　　　　　（2）彩色效果显示　　（3）左上角的背景色色块

了解选区的秘密

第3天

天气情况 ☀️☀️

努力指数 ⭐⭐⭐

心跳指数 ♡♡♡

专题 I 创建选区

　　若要在Photoshop中对图像或照片中的特定区域进行编辑的话，就需要运用到选区。选区的作用就是帮助用户在图像中建立特定的区域，对选区内图像进行编辑时，选区外的图像则不受编辑操作的影响。选区可根据形状的不同分为"规则选区"、"不规则选区"和"智能选区"。

01 创建规则的选区

　　规则选区是指在形状上比较整体、规范的选择区域。Photoshop提供了选框工具组，其中包含了矩形选框工具、椭圆选框工具、单行选框工具和单列选框工具，以便快速进行规则选区的创建。

1. 创建矩形选区

创建的正方形选区

　　创建矩形选区的方法比较简单，单击矩形选框工具，在图像中单击并按住鼠标左键不放拖动鼠标，释放鼠标左键后，图像上出现由虚线形成的闭合矩形框，框内的区域即为选区。若按住Shift键的同时在图像中单击并拖曳鼠标，创建的则为正方形选区。

提示：快速移动选区

在创建选区后，还可将光标移动到选区内，当光标变为形状时，单击并拖动即可快速移动选区 哦！

2. 创建椭圆选区

　　要创建圆形或椭圆形选区，可使用椭圆选框工具来进行。

　　创建椭圆选区的方法是，在工具箱中选择椭圆选框工具，在图像中单击并按住左键不放拖曳，释放鼠标即可创建出椭圆形的选区。若要创建正圆形的选区，也可在按住Shift键的同时，在图像中单击并拖曳来创建。

创建的正圆形选区

3. 创建单行和单列选区

使用单行选框工具或单列选框工具能创建1像素宽的单行或单列选区。单行选框工具和单列选框工具一般都是结合使用，可快速创建出复杂的网格形选区。选择单行选框工具 ![icon]，在图像中单击即可创建出单行的选区，在属性栏中单击"添加到选区"按钮 ![icon]，在图像中单击继续创建出多条单行选区。保持"添加到选区"按钮 ![icon] 被选中，选择单列选框工具 ![icon]，在图像中单击创建单列选区，以增加选区创建出网格形选区。

创建的单行选区

创建的多个单行选区

添加单列选区

下面以矩形选框工具为例，对菜单栏下方显示的属性栏进行一定的介绍，扩展知识内容。

矩形工具属性栏

❶ **当前工具按钮** ![icon] **：** 该按钮显示的是当前所选择的工具，单击该按钮会弹出工具预设面板，在其中可进行工具的快速更换。

❷ **选区编辑按钮组** ![icon] **：** 该按钮组从左至右依次为"新选区"按钮 ![icon]、"添加到选区"按钮 ![icon]、"从选区减去"按钮 ![icon] 和"与选区交叉"按钮 ![icon]，单击不同的按钮则以不同方式创建选区。

❸ **"羽化"数值框：** 羽化是指通过选区边框内外像素的过渡来使选区边缘模糊，羽化数值越大，羽化的宽度越大，此时选区的边缘效果就越模糊，取值范围为0~250像素。

❹ **"样式"下拉列表：** 该下拉列表中包括"正常"、"固定比例"和"固定大小"选项。选择"正常"选项后可创建随意的选区；选择"固定比例"选项后，右侧的"宽度"和"高度"数值框将被激活，在该数值框中输入数值将以该数值比例创建固定比例大小的选区；选择"固定大小"选项后，在的"宽度"和"高度"选项中输入像素值将以该固定像素值创建相应的选区。

❺ **"调整边缘"按钮：** 创建选区后，该按钮被激活，单击可弹出相应的对话框，在该对话框中可对创建的选区进行精细的调整。

动动手 创建多个选区

 视频文件：创建多个选区.swf

❶ 打开本书配套光盘中第3天\Media\01.jpg图像文件。在工具箱中选择椭圆选框工具 ◯，在图像中左侧的贝壳上单击并拖动，创建出椭圆形选区。

创建的选区

❷ 单击属性栏中的"添加到选区"按钮 ◻，在图像最左侧的贝壳上单击并拖曳鼠标创建选区，释放鼠标后可看到，创建的选区将自动与原选区合并。在工具箱中选择矩形选框工具 ◻，在图像中继续添加选区。

添加的选区

❸ 单击属性栏中的"从选区减去"按钮 ◻，继续使用矩形工具在图像中单击并拖动以创建选区，释放鼠标后可看到，创建的选区与原选区重合的区域被从选区中减去了。

新创建的选区

减去效果

02 创建任意形状选区

在图像中除了可以创建比较规则的选区外，也可创建比较随意的选区，此时需要用到 Photoshop中的套索工具组，该工具组中包含了套索工具 ⌇、多边形套索工具 ⌇ 和磁性套索工具 ⌇，使用这些工具能快速创建自由选区。

1. 使用套索工具创建选区

使用套索工具可以创建任意形状的选区，使用时只需选择套索工具 ⌇ 后，在图像中单击并拖曳鼠标出选区轨迹，当终点与起点重合时释放鼠标，即可创建出闭合的选区。若创建的轨迹为一条非闭合的曲线线段，则套索工具会自动将该曲线的两个端点以直线连接从而构成一个闭合选区。

创建的非闭合轨迹

创建的选区

生成的选区

创建的闭合轨迹

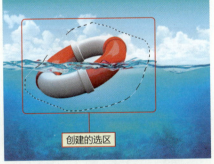

创建的选区

形成的选区

学习感悟： 快速切换工具

哇哈哈！要在Photoshop中快速切换套索工具组中的工具，可按下快捷键Shift+L，此时可以在当前选择套索工具的情况下，快速切换为多边形套索工具或磁性套索工具，切换的同时在图像中可以看到光标形状的变化。你学会了吗？

2. 使用多边形套索工具创建选区

多边形套索工具是以多边形选取图像范围的方式创建不规则的多边形选区，此时创建的选区边缘带有一定的直线轮廓效果。其方法是在工具箱中选择多边形套索工具 後，在图像中单击创建选区的起点，然后沿需要创建的选区轨迹单击鼠标创建选区的节点，当起点和终点重合时，光标变成 形状，此时单击鼠标创建出闭合的不规则选区。在操作过程中还可通过按住Shift键以直线的方式创建相对规则的几何选区。

创建节点

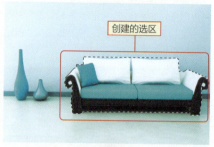
创建的选区

创建的选区

3. 使用磁性套索工具创建选区

磁性套索工具是根据图像的像素信息和工具的属性栏设置选项来创建选区的，使用磁性套索工具可以为图像中颜色交界处反差较大的区域创建精确选区。其方法是在工具箱中选择磁性套索工具 ，在图像中需要创建选区的位置单击确定起点，沿选区的轨迹拖动鼠标，软件将自动分析图像边缘的像素点，从而在图像边缘形成节点，当终点与起点重合时，光标变为 形状，此时单击即可创建闭合选区。

创建节点

创建的选区

创建的选区

提示: 磁性套索工具

使用磁性套索工具创建选区时，在选择被创建选区的图片时，需要注意所创建选区主体物与背景的颜色和轮廓的清晰度，这样才能更精确地对主体物进行选区的创建。而对于主体物过于复杂且与背景颜色类似的图片，不能使用磁性套索工具对其主体物进行选区创建 哦!

动动手 创建不规则选区

 视频文件：创建不规则选区.swf　　最终文件：第3天\Complete\02.psd

❶ 打开本书配套光盘中第3天\Media\02.png图像文件，按下快捷键Ctrl++，放大图像。

❷ 单击磁性套索工具，在图像中的人物头部单击，并沿人物边缘拖动鼠标，创建出多个节点。此时还可再次放大图像，以便让自动添加的节点更细致。

添加的节点

❸ 继续沿人物轮廓添加节点，当终点和起点重合时单击，沿人物边缘创建出不规则的选区，按下快捷键Ctrl+Shift+I反选选区，然后按下Delete键删除选区内的图像，将人物从整个图像中抠取出来。

1. 添加的选区

2. 反选选区

3. 抠取的图像

03 创建智能选区

Photoshop中除了前面介绍的手动创建选区的方法外，还有一些比较智能的创建选区的方式，可结合软件中的魔棒工具 和快速选择工具 来进行，使用这两种工具能选取相似颜色的所有像素，让操作更为灵活快捷。

1. 魔棒工具

魔棒工具是根据图像中的相似色调像素而创建选区的。使用该工具能在一些背景较为单一的图像中快速创建选区。魔棒工具属性栏中的"容差"选项用于确定选定像素区域的相似点差异，取值范围为0～255，每一个数值代表一个像素单位。创建选区时可通过设置"容差"来辅助软件对图像边缘进行区分，默认情况下为32px，容差值越大，选取的选区范围越大，容差越小，选取的选区范围越小。单击魔棒工具 ，设置容差后将光标移动到需要创建选区的图像中，当其变为 形状时单击即可快速创建选区。由于容差设置的不同，创建的选区也有所不同。

原图

默认容差下创建的选区

调整容差后创建的选区

2. 快速选择工具

快速选取工具是以指定的画笔大小创建选区的，使用该工具在图像中单击并按住左键拖动，将以相应的画笔大小自动创建选区并跟随图像像素边缘调整选区。该工具多用于对图像边缘的细节进行调整。选择快速选择工具 ，在图像中需要创建选的地方出单击并拖动鼠标，即可创建选区。此时还可结合属性栏中的"添加到选区"按钮 和"从选区减去"按钮 ，在需要添加或去除的选区上继续单击并拖动，从而让选区的创建更随心随意。

原图

涂抹创建选区

继续涂抹添加选区

提示：快速选择工具

快速选择工具主要是针对图像中颜色类似的区域进行选区创建，在同一色调上单击拖动鼠标，系统将默认选取单击鼠标时识别的类似颜色，方便大面积色彩的选区创建，操作非常方便 哟！

专题2 编辑选区

创建出各种需要的选区后，还可对选区进行比较灵活的编辑操作，如羽化选区、变换选区等，同时也可存储选区或载入选区，让选区的调整更自由，从而让图像效果更多变。

01 羽化选区

羽化选区是指通过对选区进行柔滑处理，让选区边缘变得柔和，从而使选区内的图像与选区外的图像自然地过渡。羽化选区有两种方法：一是在选区工具属性栏的"羽化"文本框中输入一定数值后再创建选区，这时创建的选区即带有羽化效果；另一种是创建选区后执行"选择>修改>羽化"命令或按下快捷键Shift+F6，打开"羽化选区"对话框，在该对话框中输入1~250的"羽化半径"数值后，单击"确定"按钮即可羽化选区。半径数值越大，羽化后得到的边缘柔化效果越大。羽化选区后填充选区为白色，选区中出现朦胧图像，按下快捷键Ctrl+D取消选区。

原图

设置羽化半径

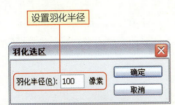

"羽化选区"对话框

创建选区

羽化并填充选区

学习感悟： 将选区快速隐藏

在Photoshop中创建选区后还可将选区进行隐藏，以避免选区周围的闪烁线条影响对图像细节的观察。其操作方法是按下快捷键Ctrl+H即可，隐藏选区后再次按下快捷键Ctrl+H可重新显示隐藏的选区。**很神奇吧！**

动动手 制作朦胧图像效果

 视频文件：制作朦胧图像效果.swf　最终文件：第3天\Complete\03.psd

❶ 打开本书配套光盘中第3天\Media\03.jpg图像文件。在工具箱中选择椭圆选框工具◯，在图像中单击并拖动鼠标创建选区。

❷ 执行"选择>修改>羽化"命令或按下快捷键Shift+F6，打开"羽化选区"对话框，在该对话框中设置"羽化半径"为150像素后单击"确定"按钮羽化选区，此时的选区有所收缩，然后按下快捷键Ctrl+Shift+I反选选区。在"图层"面板中新建"图层1"，填充选区为白色，制作图像的朦胧效果。按下快捷键Ctrl+D取消选区。

❸ 继续选择椭圆选框工具◯，在属性栏中单击"添加到选区"按钮，创建多个羽化半径均为10像素的椭圆选区。然后新建"图层2"，填充选区为白色，丰富图像效果。

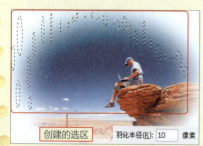 

02 变换选区

变换选区是指根据需要对选区进行缩放、旋转等操作，其方法是在图像中创建选区后执行"选择>变换选区"命令，或在选区上单击鼠标右键，在弹出的快捷菜单中选择"变换选区"命令，此时将在选区的四周出现控制框，此时可移动控制框上的控制点或整个控制框，以改变选区的位置、大小等，完成调整后按Enter键确认变换，此时图像保持不变，仅对选区进行了调整。

这里要说的是，对选区的调整还能更随意。在显示出的变换控制框中单击鼠标右键，即可弹出自由变换快捷菜单，在其中选择相应的选项便能执行相应的操作。自由变换快捷菜单中主要包括缩放、旋转、斜切、扭曲、透视、变形以及翻转等七个方面的内容。

自由变换
缩放
旋转
斜切
扭曲
透视
变形
内容识别比例
旋转 180 度
旋转 90 度(顺时针)
旋转 90 度(逆时针)
水平翻转
垂直翻转

自由变换快捷菜单

创建羽化选区

显示选区控制框

调整选区位置和大小

旋转选区

透视选区

变形选区

变换选区与自由变换命令的操作非常相似，不同的是变换选区命令只针对选区进行变换，而使用自由变换命令，不仅对选区进行调整，还会对选区内的图像大小与方向进行调整。

变换选区命令调整

自由变换命令调整

动动手 调整选区大小

 视频文件：调整选区大小.swf   最终文件：第3天\Complete\04.psd

❶ 打开本书配套光盘中第3天\Media\04.jpg图像文件。选择魔棒工具 ⚹，在属性栏中设置"容差"为10px，在图像中单击快速创建白色区域的背景选区。然后按下快捷键Ctrl+Shift+I反选选区，得到人物部分的选区。

❷ 执行"选择>变换选区"命令或在选区上单击鼠标右键，在弹出的快捷菜单中选择"变换选区"命令，显示出控制框，向左移动控制框并按下Enter键确认变换。

❸ 在"图层"面板中新建"图层1"，填充选区为黑色。按下快捷键Ctrl+J复制得到"图层1 副本"图层。按下快捷键Ctrl+T显示出控制框后单击鼠标右键，在弹出的快捷菜单中选择"水平翻转"选项，翻转图像后按Enter键确认，并将其移动到图像的右侧。

❹ 选择矩形选框工具 ，在图像中创建出矩形选区，并按下快捷键Ctrl+Shift+I反选选区。新建"图层2"，设置前景色为玫瑰红（R217、G107、B120），按下快捷键Alt+Delete为选区填充前景色，完成后按Ctrl+D取消选区。本例通过调整选区制作出个性的图像效果。

❺ 选择横排文字工具 ，打开"字符"面板，设置字体、大小以及颜色后，在图像图像上输入粉红色文字，丰富画面效果。

 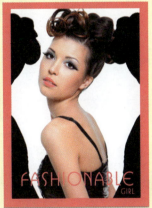

学习感悟： 快速取消创建的选区

Photoshop中创建选区后也可将选区取消，其方法有三种：一是执行"选择>取消选择"命令；二是按下快捷键Ctrl+D；三是选择任意选区创建工具，在图像中的任意位置单击鼠标即可取消选区。在对图像进行处理的过程中，最常用的是第二种方法。**一定要记住哦！**

03 存储选区

对于在图像中创建的选区还可以将其进行保存，以便在需要时快速调用。Photoshop中，存储的选区是以通道的形式存在的。存储选区的方法是，创建选区后执行"选择>存储选区"命令，打开"存储选区"对话框，在其中的"目标"和"操作"选项组中可分别对文档、通道的新建与否以及新通道的名称等进行设置，完成后单击"确定"按钮即可存储选区为通道。也可以通过直接在"通道"面板中单击"将选区存储为通道"按钮的方式存储选区。

创建的选区

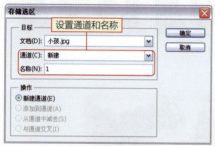

"存储选区"对话框

存储选区后生成的通道

04 载入选区

存储选区后可载入选区，所谓载入选区，是将已有的通道载入为选区。此时只需执行"选择>载入选区"命令，打开"载入选区"对话框，在其"文档"下拉列表中选择相同的文件，在"通道"下拉列表中选择刚才存储的通道名称选项，在"操作"选项组中选中相应的单选按钮，单击"确定"按钮即可载入选区。也可通过在"通道"面板中按住Ctrl键单击通道的方式载入选区。

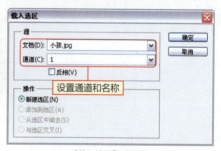

"载入选区"对话框

学习感悟：快速载入选区的其他方法

除了可使用命令载入储存的选区以外，还可以通过按住Ctrl键的同时，在"图层"面板或"通道"面板中单击图层缩览图或通道缩览图对选区进行载入。在"通道"面板中根据不同的通道，所载入的选区内容也会不同。**很神奇吧！**

存储选区为通道

 视频文件：存储选区为通道.swf　最终文件：第3天\Complete\05.psd

❶ 打开本书配套光盘中第3天\Media\04.jpg图像文件。在工具箱中选择磁性套索工具 ，在图像中沿冰淇淋的边缘创建选区，完成后执行"选择>存储选区"命令，在弹出的对话框中设置名称后单击"确定"按钮存储选区，此时在"通道"面板中生成"冰淇淋"通道。

1. 创建的选区

存储选区

2. 设置通道名称

目标
文档(D)：05.jpg
通道(C)：新建
名称(N)：冰淇淋

确定
取消

操作
⦿ 新建通道(E)
○ 添加到通道(A)
○ 从通道中减去(S)
○ 与通道交叉(I)

3. 生成的通道

❷ 继续使用磁性套索工具 ，在属性栏中单击"从选区减去"按钮 ，在图像中调整选区，再次执行"选择>存储选区"命令，在其对话框中设置"通道"为"冰淇淋"，选中"与通道交叉"单选按钮，单击"确定"按钮存储选区，此时"通道"面板中的"冰淇淋"通道发生了变化。

1. 调整后的选区

存储选区

目标
文档(D)：05.jpg
通道(C)：冰淇淋
名称(N)：

操作
○ 替换通道(R)
○ 添加到通道(A)
○ 从通道中减去(S)
⦿ 与通道交叉(I)

2. 选择通道

3. 点选该单选按钮

4. 调整后的通道

专题3 调整选区内指定的图像

对选区进行操作的最终目的是，通过选区来对图像中的指定区域图像进行相应的调整，这些调整操作主要是填充选区颜色和效果、调整选区颜色等，掌握这些操作能让你的学习之路更轻松。

01 填充选区颜色

填充选区颜色是对调整后的选区进行的最初的操作，除了能使用前景色和背景色对选区进行颜色填充外，还可通过一些用于填充图像内容的工具来进行，如油漆桶工具 、画笔工具 等。前面已讲过使用前景色和背景色填充，这里就主要讲述使用填充工具填充选区的方法。在图像中创建相应的选区后，选择油漆桶工具 ，在属性栏中设置容差后在选区内单击，即可按照选区内图像的颜色容差范围进行颜色的填充。也可以选择画笔工具 ，设置画笔样式后在选区中单击并拖曳鼠标，涂抹图像以填充颜色。

创建选区

使用前景色填充选区

使用油漆桶工具填充选区

使用画笔工具填充选区

学习感悟： 删除选区图像有妙招

Photoshop中删除选区内容是指，在创建选区后删除选区内的图像像素信息，其方法比较简单，只需在创建选区后执行"编辑>清除"命令或按下Delete键，都可删除选区内的图像内容，从而将该区域转换为透明像素，**很神奇吧！**

02 填充选区渐变色

在Photoshop中，还可以对选区进行渐变色的填充，使图像的颜色效果更丰富，此时需要使用到渐变工具。创建选区后选择渐变工具 ，在属性栏中单击"点按可打开'渐变'拾色器"按钮 ，在弹出的面板中可以看到，默认情况下显示了17款渐变样式。此时单击选择一种渐变样式后，将光标移动到图像中单击并拖曳鼠标创建渐变效果，完成后按下快捷键Ctrl+D取消选区，此时可看到，填充渐变后图像的背景发生了改变。

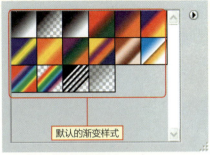

默认的渐变样式

渐变拾色器面板

创建选区

使用渐变工具填充选区

除了默认的渐变样式外，软件还提供了更多的渐变样式。在渐变拾色器面板中单击右上角的扩展按钮 ，在弹出的扩展菜单中包含了协调色1、协调色2、金属、中灰密度、杂色样本、蜡笔等9种渐变样式组，单击选择相应的样式组后弹出提示对话框，单击"追加"按钮即可在渐变拾色器中看到新增加的渐变样式。

选择该渐变样式组

弹出的扩展菜单

追加的样式

追加的渐变样式

同时，在渐变工具属性栏中提供了五种渐变类型按钮，从左到右分别为"线性渐变"按钮、"径向渐变"按钮、"角度渐变"按钮、"对称渐变"按钮和"菱形渐变"按钮。单击不同的按钮即可选择不同渐变类型，此时即使使用相同的渐变样式，创建出的渐变效果也有所不同。

线性渐变

径向渐变

角度渐变

对称渐变

菱形渐变

03 调整选区颜色

调整选区内的颜色是指，在创建选区后应用一些调整命令来对选区内图像的颜色进行编辑。此时可通过执行"图像>调整"命令，在弹出的级联菜单中包括了亮度/对比度、色阶、色相/饱和度、照片滤镜、阈值、可选颜色等22种调整命令，单击即可执行相应的调整命令。此时需要注意的是，有些调整命令选择后直接执行，有些调整命令则会弹出相应的参数设置对话框，在其中可通过拖动滑块或设置参数来调整图像，完成后单击"确定"按钮应用对选区内图像的颜色调整。此时，只会调整选区内的图像而并不影响选区外的图像效果。

"调整"命令的级联菜单

创建选区 　　　　　　　"色相 / 饱和度"对话框 　　　　　　　调整后的颜色效果

04 利用"填充"命令填充选区

　　使用"填充"命令能快速对整幅图像或选区进行颜色或图案的填充。执行"编辑>填充"命令打开"填充"对话框，在"使用"下拉列表中可指定填充选区的方式，包括前景色、任意颜色、图案以及内容识别等。在"模式"下拉列表中可指定填充的颜色的混合模式。在"不透明度"文本框中可调整颜色以及图案纹理的不透明度。

　　使用"填充"命令编辑图像颜色的方法是，在图像中创建选区后，执行"编辑>填充"命令或按下快捷键Shift+F5打开"填充"对话框，在其中进行相关设置，完成后单击"确定"按钮即可。

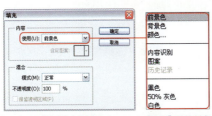

"填充"对话框 　　　　　　"使用"下拉列表 　　　　　　　创建选区

使用"颜色"填充 　　　　　　　　　　　　　使用"图案"填充

动动手 去除照片中的杂物

 视频文件：去除照片中的杂物.swf　最终文件：第3天\Complete\06.psd

❶ 打开本书配套光盘中第3天\Media\06.jpg图像文件。使用套索工具 在图像左侧创建选区，框选需要删除的图像，执行"编辑>填充"命令，在打开的对话框中设置填充内容为"内容识别"，单击"确定"按钮。

❷ 此时在图像中可以看到，选区内的图像被填充为沙粒效果。继续使用套索工具在按住Shift键的同时创建多个需要删除的图像选区，使用相同的方法去除图像中的多余杂物效果。

❸ 执行"图像>调整>曲线"命令，在打开的对话框中调整曲线。按下快捷键Ctrl+L，打开对话框调整色阶，赋予照片图像明亮的光照效果。

 今日作业

1. 选择题

（1）在Photoshop CS5中，创建选区后按下快捷键（　　）即可反选选区。

    A．Ctrl+Alt+I　　　　　　　　　　B．Ctrl+Shift+I

    C．Ctrl+Alt+O　　　　　　　　　　D．Shift + Alt+I

（2）羽化选区除了可以通过执行"选择>修改>羽化"命令外，还可按下快捷键（　　）来进行。

    A．Ctrl+F5　　B．Shift+F6　　C．Shift+F5　　D．Ctrl+F6

2. 填空题

（1）矩形选框工具的属性栏中的选区编辑按钮从左至右依次表示＿＿＿＿＿＿＿、＿＿＿＿＿＿＿＿、＿＿＿＿＿＿＿和＿＿＿＿＿＿＿。

（2）在Photoshop中，一般情况下使用＿＿＿＿＿＿＿工具和＿＿＿＿＿＿＿工具来创建相对智能的自由选区。

（3）创建选区后可按下快捷键＿＿＿＿＿＿＿来取消选区，从而对图像效果进行更直观的观察。

3. 上机操作：调整选区内图像的颜色

打开图像后创建选区，选择渐变工具，追加"杂色样本"渐变样式组，设置渐变样式为"透明蜡笔"，羽化选区后单击"径向渐变"按钮 ，在图像中拖动填充渐变，添加颜色效果。

1. 创建选区　　　　　　2. 追加并设置渐变样式　　　　3. 羽化选区后填充径向渐变

专题1 图像操作第一步

在学习了选区的创建和编辑操作后，终于接触到图像的操作了，这些操作包括图像大小和画布大小的调整、窗口大小和排列方式的调整、屏幕模式的切换、图像窗口位置和大小的调整、图像的拷贝、粘贴和合并以及附注的添加等，这些编辑操作是非常有必要的操作。

01 调整图像大小

在Photoshop中，图像大小是指图像在软件中显示的原始大小，要查看图像的大小可通过执行"图像>图像大小"命令或按下快捷键Ctrl+Alt+I，在打开的"图像大小"对话框中通过"像素大小"和"文档大小"选项组中的数值查看。

也可在该对话框中调整图像的大小，此时调整图像的大小是指在保留原有图像不被裁减的情况下，通过改变图像的比例来实现图像尺寸的调整。下面对"图像大小"对话框中的各选项进行介绍。

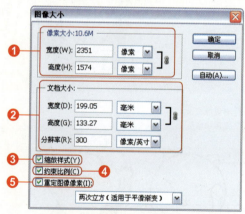

"图像大小"对话框

❶ **"像素大小"选项组：**用于改变图像在屏幕上的显示尺寸。

❷ **"文档大小"选项组：**在创建用于打印的图像时，可在该选项组中设置文档的宽度、高度和分辨率，以调整图像的大小。

❸ **"缩放样式"复选框：**勾选该复选框后，软件将自动按比例缩放图像中带有图层样式效果的部分。

❹ **"约束比例"复选框：**勾选该复选框后，在"宽度"和"高度"数值框后将出现链接图标，此时在任一数值框中输入数值，另一项将按原图像比例进行相应变化。

❺ **"重定图像像素"复选框：**勾选该复选框后，激活"像素大小"选项组中的参数，以改变像素大小，取消勾选该复选框，像素大小将不发生变化。

02　任意调整画布大小

可以这样理解，Photoshop中的"画布"是承载图像的一个展示区域，图像放置在画布上，可通过调整画布的方法来调整图像的大小。其方法是打开图像后执行"图像>画布大小"命令或按下快捷键Ctrl+Alt+C，打开"画布大小"对话框，在其中通过"定位"选项定位画布的扩展方向，从而确定是对画布进行扩展还是裁剪。同时结合"宽度"和"高度"数值框对画布扩展的大小进行设置，完成后单击"确定"按钮即可应用调整。为了让读者能更好地掌握如何调整画布大小，下面对"画布大小"对话框进行详细介绍。

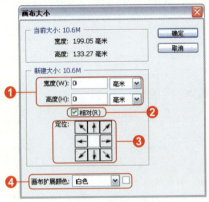

"画布大小"对话框

❶ **"宽度"和"高度"数值框：** 默认显示为当前图像的宽度值和高度值，可在其中输入新的数值重新设置图像的宽度和高度，同时还能在其后的下拉列表中设置单位，进一步调整图像。

❷ **"相对"复选框：** 勾选该复选框，将"宽度"和"高度"数值框中的数字自动清空为0，此时可在清空后的"宽度"和"高度"数值框中重新输入数值。此时输入的数值则表示在原有数值上增加的量，当输入的数值为整数时表示为扩展画布，当输入的数值为负数时则是对图像进行裁剪操作。

❸ **"定位"选项：** 默认情况下自动定位在九宫格的正中间，表示画布调整的中心点为图像中心，选中的九宫格呈白色显示，扩展时扩展画布的箭头向外，收缩画布时箭头向内。也可单击选择九宫格中的左上角或右下角位置，重新设定画布中心，以设置不同的定位方向。

 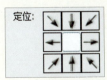  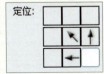

设置不同的定位方向

❹ **"画布扩展颜色"下拉列表：** 单击右侧的下拉按钮 ，即可弹出下拉列表，其中包括前景、背景、白色、黑色、灰色、其他等选项，以便对扩展后的画布颜色进行设置。

动动手 为图像添加相框

 视频文件：为图像添加相框.swf　最终文件：第4天\Complete\01.psd

❶ 打开本书配套光盘中第4天\Media\01.jpg图像文件。复制得到"背景 副本"图层。执行"图像>画布大小"命令，在打开的对话框中取消勾选"相对"复选框。查看图像大小后再次勾选"相对"复选框，并设置扩展"宽度"和"高度"，完成后单击"确定"按钮。

1. 查看图像大小　　2. 设置扩展参数

❷ 图像添加了白色边框。复制得到"背景 副本2"图层，使用相同的命令打开"画布大小"对话框，在其中设置画布的扩展颜色为黄色（R205、G188、B141）。

设置扩展颜色

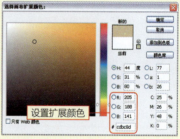

❸ 在"画布大小"对话框中勾选"相对"复选框，再次在"宽度"和"高度"数值框中设置扩展的数值，完成后单击"确定"按钮，再次扩展画布。

设置扩展参数

❹ 在"图层"面板中双击"背景 副本"图层,在弹出的对话框中勾选"内阴影"复选框,并在右侧的选项面板中设置相应的参数,完成后单击"确定"按钮为图像添加内阴影效果。

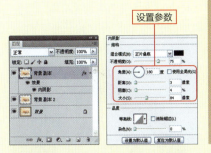

❺ 在"图层"面板中双击"背景 副本2"图层,在弹出的对话框中勾选"投影"复选框,在右侧的选项面板中拖动滑块设置相应的参数。

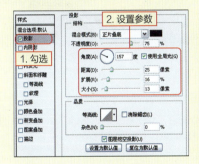

❻ 继续在"图层样式"对话框中勾选"外发光"复选框,在右侧的选项面板中设置参数,完成后单击"确定"按钮为图像添加图层样式,从而制作出淡雅的相框效果。

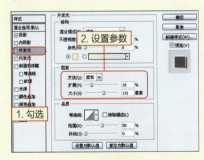

03 调整图像显示大小

图像的显示大小是指图像在Photoshop的工作区中的显示情况，调整图像的显示大小即在工作区中放大或缩小图像。默认情况下打开的图像文件，其显示比例通常在窗口左下角的状态栏中。除了能使用缩放工具调整图像的显示大小外，还可以在按住Alt键的同时滚动鼠标滚轮，向前滚动放大图像，向后滚动缩小图像；或直接在状态栏的显示比例文本框中输入数值来调整。

图像的显示大小比例

默认图像显示大小

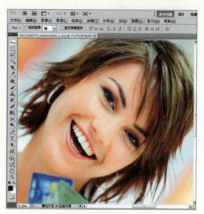

放大显示图像

学习感悟：快速展示全幅图像效果

哇哈哈！在Photoshop中还可通过按下Tab键将图像切换为带有标题栏和菜单栏的全幅图像效果，以便能在更大的窗口模式下查看图像细节，你学会了吗？

04 调整文件窗口位置和大小

默认情况下打开的图像文件窗口自动吸附在工作区顶部，必须先将图像文件窗口从工作区中脱离出来才能调整图像窗口的位置和大小。其方法是在打开的图像标题栏上单击鼠标右键，弹出快捷键菜单，选择"移动到新窗口"选项即可将图像文件窗口从工作区中脱离。此时即可拖动窗口标题栏调整窗口位置，也可在窗口边缘单击并拖动鼠标调整窗口的大小。

图像窗口

调整图像窗口位置

调整图像窗口大小

学习感悟：吸附图像有妙招

若要将拖动出的文件窗口重新吸附到工作区顶部，再次单击并拖动文件窗口标题栏，当工作区出现蓝色边框时释放鼠标就能吸附图像窗口。**一定要记住哦！**

05 任意排列图像窗口

在Photoshop CS5中，图像窗口的排列有两种不同的理解方式，一种是在多窗口图像之间的快速切换，另一种是多窗口图像的组织编排。

1. 多窗口图像之间切换

同时打开多个图像文件后，打开的文件会依次吸附在工作区顶部，此时在标题栏中单击选择需要的图像，即可在图像窗口之间进行切换。当前选中的图像窗口标题栏呈浅灰色显示，而其他的则呈深灰色。

2. 多窗口图像的组织编排

打开多个图像文件后，单击应用程序栏中的"排列文档"按钮 ，在弹出的列表中涵盖了多个文档组织类型，单击相应的按钮或选择相应的命令即可对图像进行编排。

"排列文档"列表

按"全部垂直拼贴"的方式排列窗口

按"全部按网格拼贴"的方式排列窗口

06 切换屏幕模式

切换屏幕模式可使图像显示更随心所欲。Photoshop CS5提供了标准屏幕模式、带有菜单栏的全屏模式和全屏模式3种屏幕模式，要在这几种模式之间进行切换，只需单击位于应用程序栏中的"屏幕模式"按钮，在弹出的下拉列表中选择相应的选项即可。也可以在英文输入法状态下按F键直接切换。需要注意的是，若切换到屏幕全屏模式后要退出全屏模式，只需按下Esc键即可回到标准屏幕模式。

标准屏幕模式

97

带有菜单栏的全屏模式

全屏模式

07 复制图像文件

复制图像文件是指快速复制出一个与原图像文件完全相同的图像效果，需要注意的是，此时复制得到的图像是一个独立的图像文件。其方法是，打开图像后将其从工作区顶部拖出，在标题栏上单击鼠标右键，弹出快捷菜单选择"复制"选项，打开"复制图像"对话框，在其中设置新图像的文件名称，然后单击"确定"按钮即可。此时复制得到的图像自动停靠在原图的窗口栏中。

原图像

复制得到的图像

08 为图像添加附注

在Photoshop中，可以使用注释工具 为图像添加附注，从而为图像中的部分对像添加解说性文字，以帮助下一个使用者能更好地查看或运用该图像。注释工具收录在吸管工具组中，单击选择该工具后在图像中需要添加注释的地方，创建出黄色的附注图标，并在随之弹出的"注释"面板中输入说明文字即可。完成后需要查看附注说明时，只需双击黄色的附注图标即可打开"注释"面板显示出说明文字。该功能多用于教材、需要使用多图像进行解释说明或制作相应的PPT放映文件时。

为图像添加附注说明

 视频文件：为图像添加附注说明.swf   最终文件：第4天\Complete\02.psd

❶ 打开本书配套光盘中第4天\Media\02.jpg图像文件。选择注释工具 📝，当光标变为 🔲 形状时在图像中背景的树上单击，此时在该处添加附注图标，右侧栏中弹出"注释"面板。

附注图标

❷ 在"注释"面板中单击鼠标确定文本插入点，然后输入说明性文字。继续使用相同的方法在云朵上单击，并为该处添加相应的说明文字。此时若要查看前一个附注的说明文字内容，直接单击相应附注图标即可在"注释"面板中查看。

附注图标

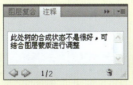

此处树的合成状态不是很好，可结合图层蒙版进行调整   1/2

远处的云朵可以更换   添加的说明文字   2/2

❸ 继续使用注释工具 📝，在图像中较小的蓝色行李箱上单击，为该处添加说明文字。

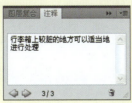

行李箱上较脏的地方可以适当地进行处理   3/3

专题2 图像的移动与变形

图像处理秘笈里当然少不了要对图像进行移动与变形等操作，这些操作能在较大程度上使图像更符合使用环境，从而让图像的调整与运用更多样化。

01 使用工具移动图像

在Photoshop CS5中可以通过使用移动工具来移动图像，进而调整部分图像在整个图像中的位置。这里说的"移动图像"包括两种含义，一是在同一个图像文件中移动图像，二是在不同图像文件之间移动图像。

1. 在同一个图像文件中移动图像

在软件中打开一幅具有多个图层的图像文件，在"图层"面板中可以看到相应的图层效果，选中一个图层后选择移动工具，将光标移动到图像中，当光标变为形状时，单击并拖动鼠标即可移动该图层上的图像，从而达到移动图像的效果。

具有多个图层的图像

在同一个图像文件中移动图像

2. 在不同图像文件间移动图像

同时在软件中打开两幅图像文件，在打开的图像文件中选中一幅图像后，选中移动工具，将光标移动到该图像中，当光标变为形状时，单击并按住鼠标左键不放，将该图像文件拖曳到另一幅图像中，当光标变为形状时释放鼠标左键，即可将相应的图像移动到该图像文件中。该操作多用于合成图像的调整。

在不同图像文件间移动图像

02 使用"自由变换"命令变形图像

使用"自由变换"命令能对图像进行变形调整，从而变换图像效果，与选区的变换有些类似，均可对图像进行缩放、旋转、斜切等操作，让图像的调整更全面。

"自由变换"命令的使用方法是，打开图像后执行"编辑>自由变换"命令或按下快捷键Ctrl+T，此时图像四周出现控制框。将光标移动到控制框的控制点上，当光标形状发生变化时单击并拖曳控制点，即可对图像进行缩放操作。此时若按住Shift键还可让缩放操作等比例进行，以免导致图像变形。将光标移动到控制框四角的控制点外，当光标变为 ↰ 形状，单击并拖曳鼠标，此时图像以控制框的中心点为原点进行旋转；同时还可在按住Ctrl键的同时单击并拖曳控制点，直接调整某一个控制点的位置，从而让图像形成斜切或透视效果，完成相应调整后按下Enter键即可确认变换。

原图

单击并拖曳控制点

缩小图像

单击并拖曳控制点

旋转图像

单击并拖曳控制点

斜切图像

还可将"自由变换"命令和"变换"命令结合使用，扩充变换功能，使其能对图像进行如扭曲、透视、变形、翻转等操作，从而让图像的变换更自由。

学习感悟： 自由变换操作的使用前提

若要使用"自由变换"命令来变换图像效果，是有一定的使用条件的。此时若是针对普通图层，则可直接通过按下快捷键Ctrl+T的方式来进行变换；若是针对打开图像中的"背景"图层，则需要将"背景"图层解锁为普通图层，方能进行自由变换操作，**一定要记住哦！**

"自由变换"命令和"变换"命令在使用过程中是相通的，在使用自由变换调整图像时，还可通过单击鼠标右键弹出快捷菜单，该快捷菜单中的选项与"变换"命令的菜单选项相同，单击选择相应的命令选项即可进行相应的操作。

自由变换
缩放
旋转
斜切
扭曲
透视
变形
内容识别比例
旋转 180 度
旋转 90 度(顺时针)
旋转 90 度(逆时针)
水平翻转
垂直翻转

1. 扭曲图像

扭曲图像是指将图像进行形状的自由变换，其方法是打开图像后按下快捷键Ctrl+T显示出控制框，在控制框中单击鼠标右键，弹出快捷菜单选择"扭曲"选项，将光标移动到控制点上，可对控制框上的控制点进行调整，此时光标发生变化，单击并拖曳鼠标即可对图像进行调整，调整图像的整体形状。

2. 透视图像

透视图像是让图像在平面空间内形成一定的透视效果。其操作方法与扭曲图像类似，不同的是在弹出的快捷菜单中选择"透视"选项即可，此时单击并拖曳控制点，平面上的控制点会进行相同的透视变换，使图像形成侧面推远或拉近的效果。

拖动控制点扭曲图像   拖动控制点调整透视

原图   扭曲图像   透视图像

3. 变形图像

变形图像可对图像效果进行较为自由的形状调整，可使图像产生拉伸和褶皱效果。其操作方法与其他的操作大致相同，只需在弹出的快捷菜单中选择"变形"选项，此时图像中显示出的是调整变形的控制网格，拖曳网格上的控制点和锚点，即可对图像形状进行调整。

拖曳控制点

原图   显示的控制网格   拖曳图像

4. 翻转图像

翻转图像有水平翻转图像和垂直翻转图像两种，水平翻转是指将图像沿垂直方向进行翻转，而垂直翻转则是指将图像沿水平方向进行翻转。其方法是打开图像文件后按下快捷键Ctrl+T显示出控制框，在控制框中单击鼠标右键，弹出快捷菜单选择"垂直翻转"选项或"水平翻转"选项即可执行相应操作。

原图

水平翻转图像

垂直翻转图像

03 使用"操控变形"命令变形图像

"操控变形"命令是Photoshop CS5版本的新增功能，在第一章节中已经对该命令的功能进行了介绍。下面主要介绍其属性栏，执行"编辑>操控变形"命令显示出属性栏。

"操控变形"命令属性栏

① **"模式"下拉列表：** 在其中包含了"刚性"、"正常"、"扭曲"3种模式。"刚性"模式下拖动出的图像中，像素与像素之间的融合效果较生硬；"扭曲"模式下则像素点之间的结合点会自定融合。

② **"浓度"下拉列表：** 在其中包含了"较少点"、"正常"、"较多点"3个选项。选择"较少点"时，所出现网格的网格间距较大，选择"较多点"时，则网格比较密集。

③ **"扩展"下拉按钮：** 单击该按钮，在弹出的面板中拖动滑块即可调整参数，参数值越大，其变形的作用范围越大。

④ **"显示网格"复选框：** 默认情况下勾选该复选框，取消勾选则将隐藏操作变形的网格。

⑤ **"图钉深度"按钮组：** 包括"将图钉前移"按钮 和"将图钉后移"按钮 ，可按多次相应的按钮来解决图钉的重叠问题。

⑥ **"旋转"下拉列表：** 其中有"自动"和"固定"两个选项，默认选择"自动"，此时调整控制点时其他区域的图像会发生相应变化，选择"固定"选项时则固定未调整区域的网格。

动动手 调整人物姿态

 视频文件：调整人物姿态.swf　　最终文件：第4天\Complete\03.psd

❶ 打开本书配套光盘中第4天\Media\03.png图像文件，转换"背景"图层为普通图层。

❷ 复制得到"图层0 副本"图层并隐藏该图层。对"图层0"执行"编辑>操控变形"命令，出现网格后在人物图像上单击添加图钉，可创建多个图钉以固定人物的动态。

单击添加图钉

❸ 在黄色图钉上单击并拖曳，以调整图钉位置，变形图像动作。

❹ 使用相同的方法分别调整人物手臂和腿部图钉的位置，调整人物姿态，完成后按下Enter键确认变形。同时将"图层0 副本"图层显示出来，可与未调整的人物动态进行对比。

单击并拖曳图钉

显示图层

图层 0 副本

图层 0

学习感悟： 操控变形的广泛应用

　　除了调整人物姿态以外，使用操控变形命令还可以轻松对动物、植物的形态进行调整，操作十分方便。对于拍摄的主体人物姿态不够协调的都可以轻松完成修复，还原照片完美效果，**很神奇吧！**

04 使用"内容识别比例"命令变形图像

Photoshop CS5中的"内容识别比例"命令与"操控变形"命令类似，也是一项体现软件智能化升级的功能，其原理是软件首先通过对图像进行分析，找出其中相对重要，且能对图像整体结构进行定位的点，然后在以后的调整操作中会以这个点为识别中心，进而对图像中的部分图像进行识别保护。

使用"自由变换"命令对图像进行调整会在一定程度上拉伸或压缩照片效果，而使用"内容识别比例"命令能在一定比例范围内，通过选区对部分图像进行智能识别保护，从而达到在拉伸或压缩图像时选区内的图像效果保持不变。该命令的使用方法是，打开图像后使用如椭圆选框工具、套索工具等选区创建工具，在图像中需要保持不变的部分创建选区，存储选区后取消选区，执行"编辑>内容识别比例"命令，在显示出的控制框上单击并拖曳变形图像，此时选区内的图像保持不变。

原图

单击并拖曳控制点

自由变换图像效果

创建的选区

绘制保护区域

使用"内容识别比例"命令调整的效果

提示： "内容识别比例"命令的适用情况

"内容识别比例"命令能在一定程度上保护选区内的图像，以便对图像进行调整，但是这个保护是建立在一定基础之上的，若是对图像的调整过大，超过了软件的保护范围，此时确认变换操作，图像还是会发生一定的变形哦！

专题3 编辑图像颜色

通过调整图像的颜色可以起到美化图像的作用，Photoshop CS5中，图像颜色编辑操作可通过使用工具、调整图层或填充图层、菜单命令等方法来进行，图像呈现不同的色调，可表现不同的风格。

01 使用工具填充图像颜色

与选区的填充类似，填充图像颜色也可以使用油漆桶工具来完成，使用油漆桶工具能够在图像中填充颜色或图案，并按照图像中的像素颜色进行填充，填充的范围是与单击处的像素点颜色相同或相近的像素点。其操作方法是打开图像后选择油漆桶工具 ，并在属性栏中设置容差，将光标移动到图像中需要填充的地方，此时光标变为 形状，单击即可以前景色填充图像中相同或相近的像素点，从而改变图像效果。

原图

单击该处

容差：50

使用油漆桶填充图像

提示：快速填充图像颜色

在使用油漆桶工具填充图像颜色时，还能重复在图像中单击，以便能对图像中相同或相似像素的图像区域统一进行填色 哦！

也可在油漆桶工具属性栏中"设置填充区域的源"下拉列表中选择"图案"选项，使用图案填充图像。单击"点按可打开'图案'拾色"按钮，在打开的面板中显示了图案样式，单击右上角的三角形按钮 ，在弹出的菜单中包含了艺术表面、彩色纸、自然图案等9种图案样式组，可选择添加图案样式。

"图案"拾色器

艺术表面
彩色纸
灰度纸
自然图案
图案 2
图案
岩石图案
填充纹理 2
填充纹理

图案样式组

动动手 替换图像背景

 视频文件：替换图像背景.swf　最终文件：第4天\Complete\04.jpg

❶ 打开本书配套光盘中第4天\Media\04.jpg图像文件。选择快速选择工具 ，在小孩图像上单击并拖曳鼠标创建选区，按下快捷键Ctrl+Shift+I反选选区，以创建背景选区。

创建的选区

❷ 选择油漆桶工具 ，在属性栏中单击"设置填充区域的源"下拉按钮，在弹出的下拉列表中选择"图案"选项，追加"彩色纸"图案样式组到"图案样式"选择面板中，并设置图案样式为"红色犊皮纸"。

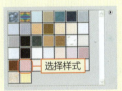 

选择样式

❸ 将光标移动到图像中的选区内，此时在任意一处单击即可使用选中的图案填充选区内图像，放大图像后在人物头发处继续单击以填充该处图像的颜色，使图像效果更统一。

单击填充颜色

107

02 使用"填充"或"调整"图层编辑图像颜色

Photoshop中除了提供系统的调整命令外，还提供了与调整命令相对应的调整图层，以便对图像颜色和整体效果进行调整。"填充"图层严格来说是"调整"图层中的一个类别，这类图层上不承载任何图像像素，但它可以包含一种填充命令，从而对图像的颜色进行编辑和调整。

"调整"图层与"填充"图层一样，图层本身不具有像素，是通过颜色调整的相关命令对图像进行调整的。在Photoshop中，可创建的调整图层有亮度/对比度、色阶、曲线、曝光度、自然饱和度、色相/饱和度、色彩平衡、黑白、照片滤镜、通道混合器、反相、色调分离、阈值、渐变映射、可选颜色15种。

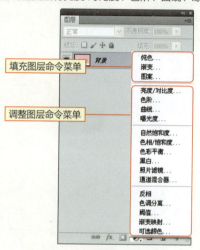

填充图层命令菜单

调整图层命令菜单

调整图层命令菜单

Photoshop中的"填充"图层有三种形式，分别为纯色、渐变或图案。这里由于创建的"填充"图层样式有所不同，其使用方法也有所不同。打开图像后单击"图层"面板底部的"创建新的填充或调整图层"按钮 ，即可弹出命令菜单，在其中选择"纯色"选项，打开"拾取实色"对话框，可对颜色进行选择；选择"渐变"选项，打开"渐变填充"对话框，在其中可设置相关参数和渐变样式；若选择"图案"选项，则打开"图案填充"对话框，在其中设置图案样式和参数后单击"确定"按钮即可对图像进行调整。还可以选择其他的如曲线、色阶、色彩平衡等调整命令，即可为图像添加一个相应的调整图层，并弹出"调整"面板显示相应命令的参数设置区域，在其中可对添加调整图层进行设置。

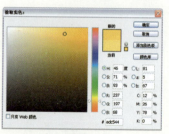

"拾取实色"对话框

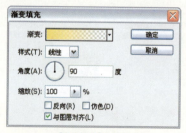

"渐变填充"对话框

"图案填充"对话框

调整图像颜色倾向

 视频文件：调整图像颜色倾向.swf　最终文件：第4天\Complete\05.psd

❶ 打开本书配套光盘中第4天\Media\05.jpg图像文件。单击"图层"面板底部的"创建新的填充或调整图层"按钮，在弹出的菜单中选择"曲线"选项，添加一个"曲线1"调整图层，在"调整"面板中单击添加锚点，并拖动锚点调整曲线，以调整图像明暗效果。

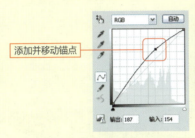

添加并移动锚点

❷ 使用相同的方法为图像添加"色彩平衡1"调整图层，在调整面板中分别选中"中间调"和"高光"单选按钮并设置参数，从而调整图像的颜色效果。

设置参数

设置参数

❸ 添加"色阶1"调整图层，在"调整"面板中拖动滑块设置参数，加强图像的明亮度。

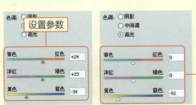

设置参数

04 使用"填充"命令编辑图像颜色

使用"填充"命令能对图像的颜色和效果进行调整，这与使用该命令调整选区图像在原理上是相同的。执行"编辑>填充"命令或按下快捷键Shift+F5，即可打开"填充"对话框。在其中能对填充的内容选项进行设置，同时还能设置填充图像与原图像的混合效果。单击"使用"下拉按钮，弹出下拉列表可选择填充内容，其中"颜色"选项表示使用相应的颜色对图像或选区图像进行填充；"内容识别"选项则启用智能识别系统对原图像进行修改填充；"历史记录"选项则能快速将图像恢复到调整前的状态。此时可结合"模式"的设置，让填充效果更出众。

"填充"对话框

"使用"下拉列表

原图

调整颜色后的效果

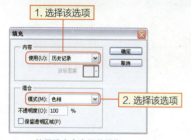

使用填充命令调整图像

调整后的效果

学习感悟：解锁图层有妙招

在Photoshop中要对"背景"图层进行图像区域的删除或填充时，首先需要将"背景"图层转换为普通图层，即解锁图层后才能进行操作。其方法是双击"背景"图层，打开"新建图层"对话框，在其中设置新图层名称后单击"确定"按钮即可完成操作，很神奇吧！

智能修补残缺图像

 视频文件：智能修补残缺图像.swf　　最终文件：第4天\Complete\06.psd

❶ 打开本书配套光盘中第4天\Media\06.png图像文件。选择魔棒工具 ，按住 Shift键的同时在图像透明区域单击，创建相应的选区。

❷ 执行"编辑>填充"命令，打开"填充"对话框，在"使用"下拉列表中选择 "内容识别"选项，在对话框中单击"确定"按钮。此时可看到，对选区内的透 明区域进行内容识别填充，使其与原有的图像相吻合。

选择该选项

❸ 取消选区后按下快捷Ctrl++放大图像，可看到在图像结合的边缘处有一些不自 然的地方，此时可选择污点修复画笔工具 ，在这些不自然的地方涂抹以修复图 像，让修补效果更真实。

单击并拖动鼠标

专题4 拼合图像全景图

全景图是指通过广角的表现手段尽可能多地表现被摄物体周围的环境，往往给人一种大气开阔的视觉感。这类图像除了可借由广角镜头拍摄外，还可通过软件拼接合成。在Photoshop CS5中可借助Photomerge命令拼合全景图，也可结合"自动对齐图层"和"自动混合图层"命令对图像进行拼合。

01 使用 Photomerge 拼合图像

使用Photomerge命令可以将在同一个角度取景下拍摄的多张照片进行合成，使其成为一个整体的、画幅相对较大的图像。在Photoshop中可在未打开图像的情况下执行"文件>自动> Photomerge"命令，即可打开对话框，下面对其中各选项进行介绍。

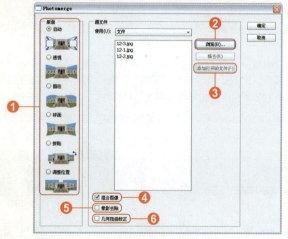

Photomerge 对话框

❶ **"版面"选项组：**软件提供了"自动"、"透视"、"圆柱"、"球面"、"拼贴"以及"调整位置"六种拼接版面，可通过选中相应的单选按钮查看各类版面的拼接效果。

❷ **"浏览"按钮：**单击该按钮即可打开"打开"对话框，在其中可选择需要进行拼接的图像，完成选择后图像自动添加到中间的白色区域。

❸ **"添加打开的文件"按钮：**单击该按钮即可将已经在Photoshop中打开的图像文件添加到中间的白色区域，此时则表示将对这些图像进行拼接操作。

❹ **"混合图像"复选框：**默认情况下自动勾选该复选框，此时软件将找出图像间的最佳边界，并根据这些边界形成合并图像的连接缝。

❺ **"晕影去除"复选框：**勾选该复选框将去除由于镜头瑕疵或镜头遮光处理不当而导致的边缘较暗的图像晕影，并执行曝光度补偿，让画面效果更完整。

❻ **"几何扭曲校正"复选框：**勾选该复选框，将补偿图像中桶形等失真效果。

动动手 制作全景图效果

 视频文件：制作全景图效果.swf 最终文件：第4天\Complete\未标题_全景图1.psd

❶ 打开本书配套光盘中第4天\Media\07-1.jpg、07-2.jpg和07-3.jpg图像文件。此时可以看到，这几幅图像具有相同的视角。

❷ 执行"文件>自动>Photomerge"命令，打开Photomerge对话框，在其中单击"添加打开的文件"按钮后再单击"确定"按钮。软件将自动对图像进行合成，完成后得到以"未标题-全景图1"命名的.PSD格式文件。此时在"图层"面板中可以看到，合成的各个图像以及图层蒙版效果。

 学习感悟：掌握拼合图像的关键

使用Photomerge命令拼合全景图时，同视角的图像边缘要具有20%以上的重合区域，或者有类似的图像重叠，且比例占20%以上，符合这些条件时，Photoshop才能进行默认合成，**一定要记住哦！**

02 自动对齐图像和自动混合图层

在Photoshop 中除了可以使用Photomerge命令拼合图像外，还可结合使用"自动对齐图层"和"自动混合图层"命令来合成图像。

使用"自动对齐图层"命令是根据不同图层中的相似内容自动对齐图层。执行"编辑>自动对齐图层"命令，打开"自动对齐图层"对话框，下面对该对话框中的各选项进行介绍。

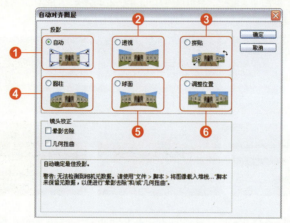

"自动对齐图层"对话框

❶ **"自动"单选按钮：** 选中该单选按钮，Photoshop 将分析源图像并应用"透视"或"圆柱"版面进行图像拼合。

❷ **"透视"单选按钮：** 选中该单选按钮，默认情况下是通过将源图像中间部分的图像指定为参考图像来创建一致的复合图像，并将变换其他图像以匹配图层的重叠内容。

❸ **"拼贴"单选按钮：** 选中该单选按钮表示对齐图层并匹配重叠内容。

❹ **"圆柱"单选按钮：** 选中该单选按钮表示通过在展开的圆柱上显示各个图像来减少在"透视"版面中会出现的"领结"扭曲。

❺ **"球面"单选按钮：** 选中该单选按钮表示将图像与宽视角垂直和水平对齐。

❻ **"调整位置"单选按钮：** 选中该单选按钮表示对齐图层并匹配重叠内容，但不会伸展或斜切任何源图层。

使用"自动混合图层"命令可缝合或组合图像，从而在最终复合图像中获得平滑的过渡效果。"自动混合图层"将根据需要对每个图层应用图层蒙版，以遮盖过度曝光或曝光不足的区域或内容差异。执行"编辑>自动混合图层"命令即可打开"自动混合图层"对话框。选中"全景图"单选按钮表示将重叠的图层混合成全景图；选中"堆叠图像"单选按钮表示混合每个相应区域中的最佳细节，该选项最适合已对齐的图层。

"自动混合图层"对话框

今日作业

1. 选择题

（1）在Photoshop CS5中，如要调整图像的大小，可通过执行（　　）命令来进行。

  A．图像>图像大小   B．图像>画布大小

  C．编辑>画布大小   D．选择>图像大小

（2）要调整图像的显示大小，除了可使用缩放工具进行外，还可按住（　　）键的同时滚动鼠标滚轮对图像的显示大小进行调整。

  A．Ctrl B．Shift   C．Alt   D．Delete

2. 填空题

（1）Photoshop中的屏幕模式有＿＿＿＿＿＿＿、＿＿＿＿＿＿＿和＿＿＿＿＿＿＿3种，这几种模式可以相互进行切换，以满足不同情况的需求。

（2）在Photoshop中所创建的填充图层，在形式上有＿＿＿＿＿＿＿、＿＿＿＿＿＿＿和＿＿＿＿＿＿＿3种。

（3）要使用软件来拼合全景图，可结合Photoshop中＿＿＿＿＿＿＿、＿＿＿＿＿＿＿和＿＿＿＿＿＿＿来进行。

3. 上机操作：调整图像颜色

  打开图像后为其添加"色彩平衡1"调整图层，并在其相应的"调整"面板中设置"中间调"和"高光"参数，调整图像颜色。

1. 打开图像   2. 创建调整图层并设置参数   3. 调整后的效果

答案

1. 选择题 （1）A   （2）C

2. 填空题 （1）标准屏幕模式 带有菜单栏的全屏模式 全屏模式

        （2）纯色填充 渐变填充 图案填充

        （3）Photomerge命令 "自动对齐图层"命令 "自动混合图层"命令

图像绘制与修饰

第5天

天气情况 ☀☀☀

努力指数 ★★★

心理指数 ♥♥♥♥♥

漫画：

图像绘制、修复、润色和修饰

专题 1 了解强大的绘图工具

在绘制图像之前应先了解绘图工具，Photoshop 中的绘画工具是根据我们平时所运用的真实绘画工具衍生而来的，包括画笔工具、铅笔工具、颜色替换工具、混合器画笔工具、历史记录画笔工具和历史记录艺术画笔工具。这些工具在模拟真实绘画工具的方法和效果上各有不同。

01 画笔工具

Photoshop中画笔工具是通过模拟真实的画笔衍生而来，主要用于绘制图像，可通过设置画笔的大小、硬度、角度和其他笔尖动态等属性，及任意调整画笔的绘画样式和效果，来获取更多丰富的效果，增加绘图的灵活性。在工具箱中选择画笔工具 ✎ 后即可显示出该工具的属性栏，下面对其中的选项进行介绍。

画笔工具属性栏

❶ "画笔" 按钮： 可用于设置当前选择画笔的笔尖大小，单击该按钮可弹出相应的面板，在其中可选择相应的画笔并设置画笔的大小和硬度等属性。

❷ "切换画笔面板" 按钮 🖉： 单击该按钮即可弹出"画笔"面板，在其中可设置画笔的笔尖形状动态属性。

❸ "模式" 下拉按钮： 在该下拉列表中可以选择绘图时的混合模式，即画笔所涂抹的颜色与下方的颜色像素的混合方式，与"图层"面板中的图层混合模式的作用大致相同。

❹ "不透明度" 下拉按钮： 单击该下拉按钮，在弹出的面板中可以拖动滑块调整画笔的不透明度，也可直接输入数值调整，数值越小则表示使用画笔绘制图像的透明效果越明显。

❺ "绘图板压力控制不透明度" 按钮 🖉： 单击该按钮则使用光笔压力覆盖"画笔"面板中的不透明度。

❻ "流量" 下拉按钮： 可用于设置画笔移动至图像上方时颜色的应用速率，在同一区域一直按住鼠标左键时应用颜色，颜色应用量将根据流动的速率而增加，直至不透明。

❼ "启用喷枪模式" 按钮 🖉： 使用柔角笔刷时，按住鼠标不放颜色会自动按照流量的速度自动扩散。

❽ "绘图板压力控制大小" 按钮 🖉： 单击该按钮使用光笔压力覆盖"画笔"面板中所设置的大小。

动动手 绘制浪漫图像

 视频文件：绘制浪漫图像.swf　　最终文件：第5天\Complete\01.psd

❶ 打开本书配套光盘中第5天\Media\01.jpg图像文件。选择画笔工具后调整前景色为白色，设置画笔样式为"星形 26 像素"，同时调整画笔大小为1500px。

❷ 将光标移动到图像中红色的气球上，多次单击绘制出白色图像，添加云层飘动的效果。

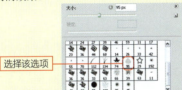

❸ 继续在画笔样式面板中选择样式为"散布叶片"，在图像上涂抹添加效果。完成调整前景色为粉色（R251、G158、B165），并适当更改画笔的大小继续涂抹图像。按下快捷键Ctrl+J复制得到"图层1"，设置其混合模式为"叠加"，"不透明度"为70%，加强效果。

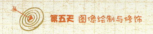

02 铅笔工具

铅笔工具与画笔工具在功能上较为类似，两者的不同在于使用画笔工具绘制图像时，其颜色边缘为较为柔和的像素，而使用铅笔工具绘制图像时，其颜色边缘为较硬的锯齿状像素。

选择铅笔工具 即可显示其属性栏，该属性栏与画笔工具属性栏大多数选项是相同的，设置前景色和背景色后在图像中单击并拖曳鼠标即可绘制图像，此时绘制的图像其边缘比使用尖角画笔工具绘制的图像边缘要更清晰。

原图

绘制的图像

使用铅笔工具绘制图像

学习感悟：铅笔工具的妙用

哇哈哈！在使用铅笔工具绘制图像时，若勾选了属性栏中的"自动抹除"复选框，当光标中心所在位置的颜色与前景色相同，那么该位置会自动显示为背景色；当光标中心所在位置的颜色与前景色不同，该位置则显示为前景色，**你学会了吗？**

03 颜色替换工具

颜色替换工具以不同的取样方式和混合模式替换图像中指定区域的颜色，赋予图像更多变化。选择颜色替换工具 ，在其属性栏中可以设置画笔样式、模式、限制样式以及容差等选项，在需要替换颜色的图像上涂抹即可替换颜色。

颜色替换工具属性栏中的"模式"下拉列表中涵盖了色相、饱和度、颜色和亮度4种颜色替换模式。而在"限制"下拉列表框中则包含了"连续"、"不连续"、"查找边缘"3个选项，选择"连续"选项表示在替换与光标位置的颜色相近的颜色；选择"不连续"选项表示替换出现在任何位置的样本颜色；选择"查找边缘"选项表示替换包含样本颜色的连接区域，同时能更好地保留形状边缘的锐化程度。

"模式"下拉列表

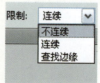

"限制"下拉列表

动动手 为图像替换颜色

 视频文件：为图像替换颜色.swf　最终文件：第5天\Complete\02.jpg

❶ 打开本书配套光盘中第5天\
Media\02.jpg图像文件。设
置前景色为黄色（R246、
G168、B32），选择颜色替换
工具 ，在其属性栏中设置模
式为"色相"，并适当调整容
差值，完成后在图像中单击并
拖曳鼠标，使用黄色以色相的
模式来替换图像中的紫色。

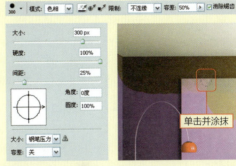

❷ 在图像中继续涂抹，替换
整个图像中的紫色，使其呈现
出淡雅的浅褐色效果，让图像
在色感上更具质感。完成后在
属性栏中更改模式、限制以及
容差等选项，继续在图像中涂
抹，以替换沙发后的墙体颜
色，让图像在色彩上更具有时
尚表现力。

04 混合器画笔工具

混合器画笔工具是Photoshop CS5中新增的画笔工具，使用混合器画笔工具可让绘画功底不是很强的读者也能绘制出具有水粉画或油画风格的漂亮图像。选择混合器画笔工具 ✔️，在其属性栏中可分别对潮湿、载入、混合、流量等相关选项进行设置，然后调整画笔大小后在图像中涂抹即可。

混合器画笔工具属性栏

❶ **"当前画笔载入"选项：**用于储存当前画笔颜色，在图像中取样颜色后，可将取样的颜色储存至该区域。

❷ **每次描边后载入或清理画笔按钮：**单击"每次描边后载入画笔"按钮 ✔️，在每次取样颜色后载入新的画笔颜色；单击"每次描边后清理画笔"按钮 ✖️后，在每次取样颜色后清除取样的画笔颜色。

❸ **预设混合画笔组合下拉列表：**通过单击右侧的下拉按钮，在弹出的下拉列表中可选择预设的混合画笔组合。

❹ **"潮湿"选项：**该选项可用于设置画笔从画布中拾取的油彩量，数值越大则绘制越长的画笔笔触。

❺ **"载入"选项：**该选项用于指定当前画笔的油彩量，当载入的油彩量较低时，画笔干燥速度变快。

❻ **"混合"选项：**用于控制从画布中拾取的油彩量与当前画笔储存选项中颜色的比例。当比列为100%，油彩完全从画布中拾取；当比例为0%时，所有油彩均来自画笔储存选项。

原图　　　　　　　　　使用混合器画笔工具绘制后的图像效果

学习感悟： 混合器画笔的奇妙之处

哇哈哈！Photoshop CS5推出了混合器画笔，是在绘画方面的一个重大突破。使用混合器画笔工具可以让一个不会画画的人画出出色的作品，更能让专业人士绘画时得心应手，具有很神奇的绘画效果。选择不同的笔刷，并在属性栏上设置系统预设的混合效果，可以轻松画出想要的效果。

05　历史记录画笔工具

历史记录画笔工具从功能上来看更像一个还原器，使用历史记录画笔工具可以将图像恢复到某个历史状态下的图像效果，图像中未被修改过的区域将保持不变。

历史记录画笔工具的使用方法是，打开图像并进行相应操作后，选择历史记录画笔工具 ✍️，在其属性栏中设置各项参数，在图像需要恢复的位置单击并拖曳鼠标，光标经过的图像即会恢复到上一步中对图像所作的调整效果，而图像中未被修改过的区域将保持不变。

原图

色相(H)：　　　　-57

调整图像颜色

在该处涂抹

使用历史记录画笔恢复局部颜色

提示：快速显示历史记录面板

Photoshop中的历史记录工具是结合历史记录而进行的，在软件工作界面中单击右侧栏中的"历史记录"图标 📷 打开"历史记录"面板，在该面板中单击执行过的相应操作步骤就能将图像立即还原至相应的图像效果 哦！

06　历史记录艺术画笔工具

历史记录艺术画笔工具与历史记录画笔工具的使用方法相似，通过设置该工具不同的绘画样式和容差等属性并进行绘画，可获取模拟特殊绘画风格的艺术纹理。

原图

在图像上单击绘制

使用历史记录艺术画笔工具调整图像的效果

专题2 画笔是需要随时设置的

画笔工具是Photoshop中重要的绘图工具，要掌握绘画工具的使用方法，应对其设置内容及方法有所掌握，如画笔大小的设置、画笔预设的应用、画笔的载入与存储，以及自定义画笔笔触等。

01 设置画笔大小

设置画笔大小可通过在如画笔工具、铅笔工具和历史画笔工具等工具的属性栏中单击画笔按钮，弹出相应面板后可通过拖动"大小"选项滑块或直接输入相应的数值以调整画笔的大小；还可以在绘画工具属性栏中单击"切换画笔面板"按钮，在弹出的"画笔"面板中设置画笔的大小。

原图

绘制图像

画笔大小为 20px 的绘制效果

画笔大小为 50px 的绘制效果

学习感悟： 快速调整画笔大小

在Photoshop中还可在英文输入状态下，通过直接按] 键或 [键来快速调整画笔大小，很神奇吧！

02 使用预设画笔

使用画笔工具可以绘制出多种图形，选择不同的画笔样式，绘制出的图像截然不同。预设画笔指的是Photoshop 为用户提供的画笔样式，默认情况下，在画笔样式列表框中共提供了54个画笔样式以供选择，此时只需在画笔样式列表框中单击相应的样式即可选择该预设画笔，然后在图像中单击即可使用该画笔样式绘制图像。

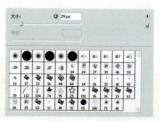

"画笔样式"选择面板

03 追加画笔样式

Photoshop CS5中除了默认显示的54种画笔样式外，软件所提供的画笔样式还有很多，可通过追加画笔样式将其他画笔样式组中的画笔样式显示到列表框中。

追加画笔样式的方法是，选择画笔工具，在属性栏中单击画笔按钮，打开"画笔样式"选择面板，在面板中单击右上角的三角形扩展按钮，弹出画笔样式菜单，在其中可看到，Photoshop提供了如混合画笔、基本画笔、书法画笔等15类画笔样式组，每个组中包含了多个不同的画笔样式。在菜单中选择一类画笔样式，此时自动弹出询问对话框，单击"确定"按钮即可以选择的画笔样式组中的画笔样式替换掉默认的画笔样式；单击"追加"按钮则表示将选择的画笔组中的画笔样式追加到画笔样式列表框中。

画笔样式菜单　　追加画笔样式后的样式面板

04 载入画笔

Photoshop 中还可通过"载入画笔"操作增加画笔样式的选择范围。载入画笔可通过网络下载风格各异的笔刷并添加到当前样式列表中，让画笔类型更加丰富，增加画笔样式的选择性。

其载入方法是，选择画笔工具，在属性栏中单击画笔按钮，打开"画笔样式"选择面板单击右上角的三角形按钮，在弹出的菜单中选择"载入画笔"选项，此时打开"载入"对话框，在其中定位到画笔笔刷存储在电脑中的位置，单击选择相应的笔刷后，单击"载入"按钮，软件自动将包含的所有画笔样式追加显示到"画笔样式"列表框中，选择相应的样式单击即可绘制图像。

"载入"对话框

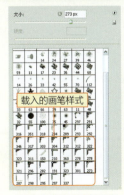

载入画笔笔刷后的样式面板

绘制的白色花边

学习感悟： 存储画笔样式

哇哈哈！载入的笔刷中画笔样式较多，可选择较为常用的，在弹出的扩展菜单中选择"存储画笔"选项，弹出对话框设置保存位置后存储该画笔样式，**你学会了吗？**

05 自定义画笔笔触

　　自定义画笔笔触通过自定义新的画笔预设来创建新的画笔样式，从而让画笔样式更多变。在对新的画笔样式图像的选择上，可选择一些具有透明背景效果的图像，如png格式的图像等，然后执行"编辑>定义画笔预设"命令，打开"画笔名称"对话框，在名称文本框中输入名称，单击"确定"按钮定义画笔预设。此时在画笔工具的"画笔样式"列表框中可以看到新添加的画笔样式。此时可打开另一个图像，选择画笔工具，使用自定义的该画笔样式，适当调整画笔颜色、大小后在图像中单击即可绘制出相应的图像效果。

打开的图像

定义画笔样式

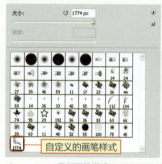

显示画笔样式

绘制的图像效果

学习感悟： 画笔原来可以这样调整

在选择画笔工具时，按住Alt键单击鼠标右键左右拖动，可以对画笔的大小进行调整；上下移动还可以对画笔进行硬度调整。在不按住Alt键的情况下，单击鼠标右键可以打开"画笔预设"面板，可以通过该面板直接对画笔笔触进行选择，为画笔的使用大大节省时间。**很神奇吧！**

专题3 利用画笔面板设置画笔

除了能通过工具属性栏设置画笔的相关属性外，还可在"画笔"面板中进一步进行设置，如调整画笔的笔尖形状、形状动态、颜色动态、散布与纹理以及杂色和湿边等。通过这些设置能在很大程度上调整同一画笔笔刷的不同动态效果，丰富笔触样式。

01 认识"画笔"面板

在绘图类的工具属性栏中单击"切换画笔面板"按钮 或执行"窗口>画笔"命令，可打开"画笔"面板。此时呈现的"画笔"面板停靠在工作界面右侧的面板组中，而与之同时出现的还有"画笔预设"以及"仿制源"面板。在"画笔"面板中勾选相应的复选框，即可切换到相应的选项面板进行进一步的设置。

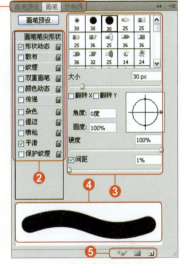

"画笔"面板

① **选项卡：** 包括"画笔预设"、"画笔"和"仿制源"3个标签，单击任意标签即可切换至相应的面板。

② **画笔动态选项栏：** 包括"画笔笔尖形状"、"形状动态"、"散布"、"杂色"和"湿边"等画笔动态参数选项。勾选其中任何一个复选框即可为画笔添加该动态效果，在右侧动态参数设置区中可设置其对应的动态参数。

③ **画笔动态的参数选项栏：** 在"画笔"面板左侧勾选任一动态参数复选框后，该区域中将显示该动态参数的相关参数选项，在其中可设置相应的参数以调整画笔状态。

④ **画笔预览框：** 可用于预览当前画笔的状态。通过设置画笔的各项属性可在该预览框中预览设置效果，以便对画笔动态进行更精细的调整。

⑤ **基本按钮组：** 单击"切换硬毛刷画笔预览"按钮 ，可在选择硬毛刷画笔状态下在工作区左上角显示该硬毛刷的预览状态，再次单击该按钮可取消显示；单击"打开预设管理器"按钮 可弹出"预设管理器"对话框，在其中可设置"画笔预设"选取器中的画笔组合；单击"创建新画笔"按钮 可弹出"画笔名称"对话框，单击"确定"按钮可将当前所选或设置的画笔存储为新笔刷。

02 调整画笔的形状动态

调整画笔的形状动态是通过在"画笔"面板中勾选"形状动态"复选框并在其参数面板中针对画笔的"大小抖动"、"角度抖动"、"圆角抖动"和相应的动态控制等属性进行设置的。其设置方法很简单，只需选中相应的选项或拖动滑块即可调整参数。

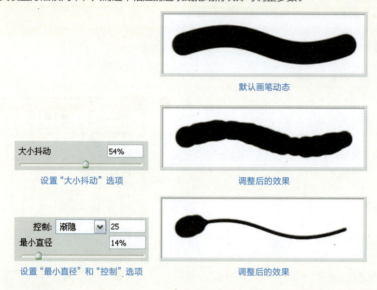

默认画笔动态

大小抖动　54%

设置"大小抖动"选项　　调整后的效果

控制：渐隐　25
最小直径　14%

设置"最小直径"和"控制"选项　　调整后的效果

03 调整画笔散布

设置画笔的散布效果是通过在"画笔"面板中的"散布"参数面板中设置画笔的散布区域、散布数量及数量的抖动等属性，来调整画笔在使用时的笔尖状态。此时为了让观看到的效果更明显，可在相应的参数面板中调整间距，然后再设置散布选项，让效果更直观。

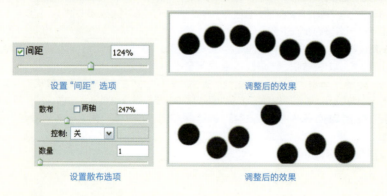

☑间距　124%

设置"间距"选项　　调整后的效果

散布　□两轴　247%
控制：关
数量　1

设置散布选项　　调整后的效果

04 调整画笔纹理

调整画笔的纹理效果是通过在"画笔"面板中设置画笔的"纹理"动态参数，并将纹理填充应用到画笔的笔尖动态中来完成的。

在纹理参数面板中可通单击"点按可打开'图案拾色器'"按钮，弹出面板选择纹理样式，并设置纹理的缩放效果、与画笔之间的交互混合模式及深度和画笔的动态等属性，以使画笔纹理填充效果更加精细。还可通过选择不同的画笔或混合模式，来可获取不同的纹理样式及画笔边缘不同的纹理效果。

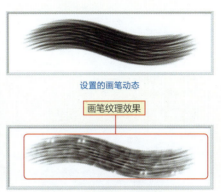

设置的画笔动态

画笔纹理效果

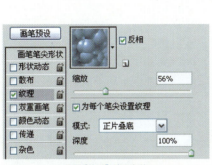

设置"纹理"选项参数

同一图案"正片叠底"的画笔混合效果

05 调整双重画笔

"双重画笔"选项同时应用两个画笔组合为一个新的画笔笔触效果，是通过在一个主画笔中应用第二个画笔笔触的方式来创建的，新创建的画笔笔触仅在两个画笔描边交叉区域进行绘制。其使用方法是，首先在"画笔笔尖形状"动态下选择一个主画笔，再在"双重画笔"动态下选择一个辅助画笔，并设置相应的参数如组合后的画笔笔尖大小、间距和数量等属性，以应用设置效果。

设置的画笔动态

单击选择该画笔样式

双重画笔效果

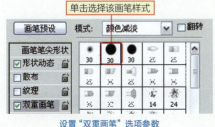

设置"双重画笔"选项参数

设置参数和混合模式后的画笔效果

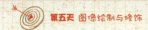

06 调整画笔颜色动态

调整画笔的颜色动态是指通过选项参数的设置，调整画笔在图像中绘制时画笔颜色的变化。其使用方法是，首先设置相应的前景色和背景色，这与"颜色动态"选项的应用紧密相连。然后勾选"画笔"面板中的"颜色动态"复选框，单击该选项显示出其参数面板，通过在其中设置前景色与背景色之间色相、饱和度、亮度和纯度等属性的抖动参数，可调整的抖动颜色的不同色调效果，使其抖动色调更加丰富多彩。

设置前背景色

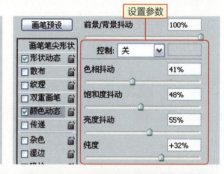

设置颜色动态后的效果

调整选项参数后的效果

提示：调整"控制"状态

在"颜色动态"参数面板中还能在"控制"下拉列表中选择相应的选项，来辅助对颜色动态的调整哦！

07 调整画笔传递

"传递"选项用于确定应用画笔工具绘画时颜色在描边路径中的改变方式。通过调整画笔的不透明度抖动程度以及"流量抖动"、"湿度抖动"和"混合抖动"等选项的参数，得到变换的画笔传递效果。需要注意的是，在使用画笔工具等普通绘画工具时，"传递"选项栏中的"湿度抖动"和"混合抖动"两个参数的相关选项均为灰色不可用状态，在使用混合器画笔工具时，该两项才会被激活。

设置的画笔动态

设置传递动态后的效果

专题4 修复图像的秘密武器

图像处理操作也包括图像的修复，此时可使用Photoshop中的图像修复工具来修复图像中的瑕疵，从而让图像细节更加完善和自然。这些修复工具包括污点修复画笔工具、修复画笔工具、修补工具、红眼工具、仿制图章工具和图案图章工具。

01 污点修复画笔工具

污点修复画笔工具的原理是将图像的纹理、光照和阴影等与所修复的图像区域进行自动匹配。该工具多用于修复图像中的污点瑕疵或其他不理想的图像区域。

使用污点修复画笔工具修复图像时，无需手动对周围的像素进行取样，该工具将自动取样所修复区域周围相似的像素样本，然后将样本像素中的纹理、光照、透明度或阴影等像素对所修复区域进行匹配，以使修复效果更加完善自然。选择污点修复工具 🖊，在其属性栏中可对画笔大小、硬度、模式和类型等进行设置。

污点修复画笔工具属性栏

❶ **"画笔"选项：** 在其中可设置污点修复画笔工具修复图像时笔尖的大小和硬度，也可以通过单击该按钮在弹出的"画笔样式"面板中设置不同的画笔样式，以不同的笔触来对图像进行修复操作。

原图

点选"近似匹配"效果

❷ **"模式"选项：** 可设置修复图像时所修复区域被修复后的颜色与原始图像颜色的混合模式。

❸ **"类型"选项：** 选中"近似匹配"单选按钮，使用选区边缘的相似像素修复所选区域；在创建选区后选中"创建纹理"单选按钮，将使用选区中的像素创建纹理；选中内容识别"单选按钮，将比较周围的样本像素，查找并

点选"创建纹理"效果

点选"内容识别"效果

应用最为适合的样本，在保留图像边缘部分细节的同时使所选区域的修复效果更加生动自然。

❹ **"对所有图层取样"复选框：** 勾选"对所有图层取样"复选框后，可对所有可见图层中的图像像素进行取样。

动动手 去除人物面部雀斑

 视频文件：去除人物面部雀斑.swf　　最终文件：第5天\Complete\03.psd

❶ 打开本书配套光盘中第5天\
Media\03.jpg图像文件。

❷ 放大图像后选择污点修复画笔
工具，在人物右侧的脸部雀斑上
单击并适当拖曳出一个较小的范
围，以覆盖住雀斑为准，此时释放
鼠标左键即可修改该处图像。

1. 单击并拖曳鼠标

2. 修复效果

❸ 使用相同的方法继续在人物脸
上的雀斑处单击以修复图像，使
人物脸部更整洁。

❹ 按下 [键适当缩小画
笔，在人物右眼角处的眼
袋图像上单击并拖曳鼠
标，适当修复图像。使用
相同的方法继续修复另一
只眼角处的瑕疵，让小女
孩的脸部更加整洁可爱。

单击并拖曳鼠标

02 修复画笔工具

修复画笔工具用于修复图像中的瑕疵，通过使用图案或取样的图像样本修复，并将这些像素样本与所修复区域的纹理、光照、透明度和阴影进行匹配，使瑕疵与周围的图像融合，让修复后的效果更加自然。其使用方法比较简单，打开图像后单击修复画笔工具，按住Alt键的同时在图像其他区域单击取样，释放Alt键后在需要清除的图像区域单击即可修复。也可在属性栏中选择图案进行修复。

原图

取样其他部分修复

以取样像素修复图像

以图案修复

以图案为源修复图像

学习感悟："对齐"复选框的妙用

在修复画笔工具的属性栏中勾选"对齐"复选框将连续对图像进行取样并修复；取消勾选后，则在每次停止并重新修复时以初始取样点为样本修复，**一定要记住哦！**

03 修补工具

修补工具是通过利用该工具创建选区后，移动选区至相应区域或应用图案像素的方法仿制或修复图像，并在修复图像的同时将样本像素中的纹理、光照和阴影等属性与源像素相匹配，以使图像的修复效果达到最佳状态。该工具的使用方法是，选择修补画笔工具，在其属性栏中选中"源"单选按钮，在图像中沿需要修补部分绘制随意选区，并将其拖曳到图像的其他部分上，释放鼠标即可用该部分的图像修补有瑕疵的图像区域。

绘制修补选区

绘制选区

修补后的效果

修复后的图像效果

动动手 修复并美化人物照片

 视频文件：修复并美化人物照片.swf　　最终文件：第5天\Complete\04.psd

❶ 打开本书配套光盘中第5天\Media\04.jpg图像文件。

❷ 按下快捷键Ctrl++放大图像，此时可看到人物脸部的斑点以及杂乱的发丝。选择污点修复画笔工具 ，在人物脸部的斑点上单击以修复瑕疵，使人物面部更整洁。

单击修复图像

❸ 选择修补工具 ，沿图像中人物鼻子处的发丝绘制选区，并将其拖曳到没有发丝的面部图像上，释放鼠标左键以修复图像，使用相同的方法继续修复人物面部。

拖动选区

❹ 复制得到"图层1"，设置其图层混合模式为"柔光"、"不透明度"为70%，加强图像对比效果。

04 红眼工具

　　使用红眼工具能去除由于闪光灯模式下拍摄所导致的人物或动物红眼图像，恢复图像的自然效果。该工具属性栏中的"瞳孔大小"选项用于增大或减少红眼工具的应用区域，"变暗量"选项用于设置移去红眼时的应用暗度。其使用方法也比较简单，选择红眼工具🔴，在属性栏中设置相关参数后在红眼上单击即可修复。

原图

修复后的图像效果

05 仿制图章工具

　　仿制图章工具用于复制一个图像到另一个图层或图像区域中，从而修复图像中不理想的区域。该工具与修复画笔工具🖊一样，在使用时都需要通过取样样本像素应用到其他图像区域。其使用方法是，选择仿制图章工具🔲并调整画笔大小后，按住Alt键在图像中其他部分单击取样，然后在需要修复的图像区域单击或涂抹即可仿制出取样处的图像。若修复图像过程中勾选属性栏中的"对齐"复选框，则只能复制一个固定位置的图像。

原图

仿制出的图像

修复后的图像效果

提示：对齐仿制图像

在仿制图章工具的属性栏中勾选"对齐"复选框后，此时将连续对图像进行取样并仿制图像；取消勾选后，则在每次停止并重新绘制时以初始取样点为样本像素 哦！

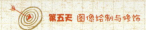

需要注意的是，在仿制图章工具的属性栏中，还可通过在"模式"下拉列表中选择相应的选项，设置仿制的图像与原图像的颜色混合效果，以调整仿制后的色调效果。

原图

"正常"模式

"叠加"模式

06 图案图章工具

图案图章工具以指定的图案为样本应用到图像中。使用该工具时不需要指定取样图像，直接使用选择的图案绘制图像即可。此时选择的图案可以是Photoshop中自带的图案，也可以是用户自定义的图案。

其操作方法是，打开图像文件后选择图案图章工具 ，在属性栏的"图案"下拉列表中选择相应的图案，设置画笔样式后在图像中单击并拖曳鼠标即可绘制出图案。还可结合选区进行绘制，以便对绘制的图案范围进行精确控制。

原图

绘制图案

单击并拖曳绘制图案

创建的选区

绘制的图案

结合选区绘制的图案效果

专题5 图像润色

图像的润色是指通过使用一些工具对图像中的局部颜色进行调整，从而美化图像。在Photoshop中可通过使用减淡工具、加深工具或海绵工具对图像进行润色，以调整图像的局部细节，而让颜色的调整更自然。

01 减淡工具

减淡工具用于减淡图像中指定色调区域的颜色像素以使其变亮。其使用方法是，选择该工具后在图像的指定色调范围内涂抹即可，涂抹的次数越多，该区域的色调就会变得越亮。

减淡工具属性栏

❶ **"范围"选项：**该选项用于设置减淡的作用范围，在其下拉列表中包括"阴影"、"中间调"和"高光"3个选项，选择相应的范围选项即可对该区域的像素作减淡处理。

❷ **"曝光度"选项：**该选项用于设置对图像色彩减淡的程度，即在减淡图像过程中减淡一次的程度。取值范围为0%~100%，数值越大，对图像减淡的效果越明显。

❸ **"保护色调"复选框：**勾选该复选框后，再涂抹图像时将在最大程度上防止颜色出现色相偏移的现象，以最小化阴影和高光区域中的颜色修剪。

减淡工具的使用方法是，选择减淡工具，在属性栏中进行设置后将光标移至图像中需要处理的位置涂抹，即可应用减淡效果，反复涂抹则加强减淡效果。

原图

单击并拖曳以涂抹图像

减淡后的图像效果

学习感悟：快速追加图案样式

默认情况下"图案"下拉列表中仅包括两个图案样式，可单击面板右侧的三角形按钮 ▶，在弹出的菜单中包含了艺术表面、彩色纸、岩石图案等9种图案样式组，选择相应的样式组后将弹出提示对话框，单击"追加"按钮即可显示出更多的图案样式，**很神奇吧！**

02 加深工具

加深工具用于加深图像中指定色调区域的颜色像素以使其变暗。使用该工具在指定色调范围内如阴影区域或高光区域涂抹，在允许的色调加深程度上，涂抹的次数越多，则该区域的色调就会变得越暗。选择加深工具 ，在属性栏中设置"范围"和"曝光度"后，将光标移至图像中涂抹即可应用加深效果。

原图

| 范围： | 中间调 | ▼ | 曝光度： | 20% | ▶ |

加深中间调区域

| 范围： | 高光 | ▼ | 曝光度： | 20% | ▶ |

加深高光区域

03 海绵工具

海绵工具具有吸取或释放颜色的功能，使用该工具可通过设置指定的应用模式即"降低饱和度"和"饱和"选项模式，以增强或降低相应图像区域的颜色饱和度。在其属性栏中还可以通过在"流量"数值框中设置相应的参数，调整图像饱和或不饱和的程度。

海绵工具的使用方法与加深减淡工具类似，选择海绵工具 ，在属性栏中设置相关选项后将光标移至图像中涂抹即可。

原图

| 模式： | 降低饱和度 | ▼ | 流量： | 58% | ▶ |

降低饱和度效果

| 模式： | 饱和 | ▼ | 流量： | 50% | ▶ |

加强饱和度效果

动动手 加强图像局部颜色

 视频文件：加强图像局部颜色.swf   最终文件：第5天\Complete\05.psd

❶ 打开本书配套光盘中第5天\Media\05.jpg图像文件。选择减淡工具 🔍，设置"范围"和"曝光度"后在图像上涂抹，减淡图像。选择加深工具 🔍，使用相同的参数涂抹图像头发部分。

减淡图像

加深图像

范围：中间调   曝光度：30%

❷ 复制得到"图层1"，选择海绵工具 🔵，在属性栏中设置"模式"和"流量"后在图像中涂抹，让图像更饱和。设置"图层1"混合模式为"叠加"、"不透明度"70%，调整图像局部颜色效果。

涂抹加强饱和效果

设置选项和数值

图层
叠加   不透明度：70%
锁定：□ ✓ ✛ ●   填充：100%
👁 图层 1
👁 背景

模式：饱和   流量：50%

学习感悟："自然饱和度"复选框的作用

在使用海绵工具调整图像时，其属性栏中有一个"自然饱和度"复选框，勾选该复选框后调整颜色饱和度时，可分开调整饱和与不饱和颜色的饱和度。

一定要记住哦！

专题6 修饰图像效果

图像的修饰是指通过对图像细节的模糊、锐化、涂抹等处理修饰图像效果，让图像的细节更自然。此时可使用Photoshop中的模糊工具模糊图像细节，使用锐化工具锐化图像边缘细节，以及使用涂抹工具改变图像的像素构成。

01 模糊工具

模糊工具主要用于柔化图像中的边缘或减少图像中的细节像素，使用该工具在图像中涂抹的次数越多，图像越模糊。在涂抹图像之前可通过指定模糊颜色的混合模式调整模糊区域的色调。其操作方法也比较简单，选择模糊工具并设置各项参数后在图像中涂抹即可。

模糊工具属性栏

❶ **"模式"选项**：该选项用于将模糊后的图像颜色以指定的模式混合到原图像中。

❷ **"强度"选项**：该选项用于指定模糊图像的强弱效果，取值范围为1%～100%，以指定在模糊图像的过程中模糊一次的强度。

❸ **"对所有图层取样"复选框**：勾选该复选框后，对图像中所有可见图层的图像像素进行调整；取消勾选该复选框后，仅对当前所选择的图层图像进行调整。

原图

使用变暗模式模糊图像

使用变亮模式模糊图像

02 锐化工具

　　锐化工具用于锐化图像中的边缘或细节，以增强该区域的对比度，在功能上与模糊工具正好相反。使用该工具在图像中涂抹的次数越多，则涂抹区域的图像细节对比越强。其使用方法比较简单，选择锐化工具 △，设置相应的参数后在图像中涂抹即可锐化图像。

原图

锐化后的图像效果

03 涂抹工具

　　涂抹工具用于涂抹变形图像中的颜色，模拟手指从湿油漆中涂抹延伸出来的效果。其使用方法是，选择涂抹工具 ，在属性栏中设置其"模式"和"强度"参数，以调整在涂抹图像时所变形的颜色区域的色调和变形程度，然后在图像中涂抹图像即可。

原图

涂抹后的图像效果

模式为"色相"涂抹后的图像效果

强度为 100% 涂抹后的图像效果

动动手 制作图像特殊纹理效果

视频文件：制作图像特殊纹理效果.swf　　最终文件：第5天\Complete\06.psd

❶ 打开本书配套光盘中第5天\Media\06.jpg图像文件。按下快捷键Ctrl+M打开"曲线"对话框，在其中单击添加锚点并拖曳锚点调整曲线，完成后单击"确定"按钮调整图像的对比效果，使其色彩更清新。

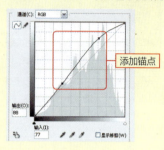

❷ 选择涂抹工具，在属性栏中设置"模式"和"强度"参数后，在背景中的草图像上单击并往上涂抹，而对平地上的草则往下涂抹，变形图像。

❸ 打开按下快捷键Ctrl++放大图像，选择锐化工具并设置相应的"模式"和"强度"参数，在小狗图像的毛发边缘涂抹，锐化图像。最终体现整体的模糊和对比的特殊视觉效果。

专题7 去除图像中的多余效果

要去除图像中的多余效果或是指定区域内的图像像素，可使用Photoshop中的擦除类工具来完成。擦除类工具包括橡皮擦工具、背景橡皮擦工具和魔术橡皮擦工具，可根据不同的情况选择不同的工具，并通过设置工具的相应属性得到不同的擦除效果。

01 橡皮擦工具

橡皮擦工具用于擦除图像中相应区域的像素，并以当前的背景色或透明像素替换擦除的区域。选择橡皮擦工具 🖊️，在其属性栏中的"模式"下拉列表中可设置橡皮擦工具擦除图像时笔尖的状态。该"模式"下拉列表中包含了"画笔"、"铅笔"和"块"3个选项。同时还可以在属性栏中设置"不透明度"和"流量"参数，当数值为100%时表示完全擦除，数值为0%时表示不擦除，在该范围内调整应用强度，以达到相应的擦除效果。

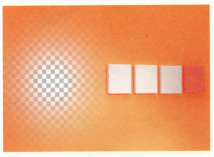

"画笔"模式擦除图像

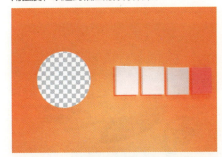

"铅笔"模式擦除图像

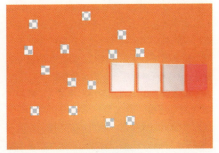

"块"模式擦除图像

学习感悟： 针对背景图层和普通图层的图像擦除

若是对背景图层或是已锁定透明像素的图层使用橡皮擦工具，会将像素更改为背景色。若是对普通图层使用橡皮擦工具，则会将像素更改为透明效果。**很神奇吧！**

擦除背景图层图像效果

擦除普通图层图像效果

02 背景橡皮擦工具

　　背景橡皮擦工具用于擦除图层上指定颜色的像素，并将所擦除的图像区域直接以透明像素填充，同时还能保留擦除图像的边缘细节。使用背景橡皮擦工具无需对"背景"图层进行解锁操作，可直接将背景图层擦除为透明像素的效果。

　　选择背景橡皮擦工具，其属性栏中的"限制"下拉列表中包含"不连续"、"连续"和"查找边缘"3个选项，在"容差"数值框中可设置被擦除的图像颜色与取样颜色之间差异的大小，取值范围为0%~100%；勾选"保护前景色"复选框，可防止具有前景色的图像区域被擦除。

原图　　　　　　　　　　　　　　　　　擦除后的图像效果

03 魔术橡皮擦工具

　　魔术橡皮擦工具用于快速擦除图像中的指定区域，并将擦除区域转换为透明像素。该工具与背景橡皮擦工具有类似之处，都能直接对背景图层进行擦除操作，而无需解锁。

　　魔术橡皮擦工具的使用方法是，选择魔术橡皮擦工具，在属性栏中设置"容差"，低容差值将擦除较小的颜色范围，高容差值将擦除更广的颜色范围。完成设置后在图像中需要擦除的区域单击即可擦除图像。

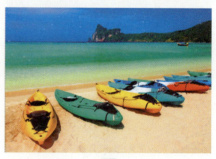

原图

容差：50　☑消除锯齿　☑连续

擦除后的图像效果

继续擦除后的图像效果

 今日作业

1. 选择题

（1）在使用修复画笔工具修复图像时，对图像其他区域进行取样需按住（　　）键才能进行。

A. Ctrl　　　B. Alt　　　　C. Shift　　　　　D. F5

（2）在修复画笔工具组中需要进行取样来进行修复的工具是（　　）。

A. 污点修复画笔工具　　　　B. 红眼工具

C. 修复画笔工具　　　　　　D. 修补工具

2. 填空题

（1）严格意义上来说，可用于绘画的工具包括＿＿＿＿＿＿＿、＿＿＿＿＿＿＿＿、

＿＿＿＿＿＿＿＿＿和＿＿＿＿＿＿＿＿4种，而＿＿＿＿＿＿＿＿、

＿＿＿＿＿＿＿＿＿则起辅助绘画的作用。

（2）图像的修复能对图像中的瑕疵进行调整，丰富细节，修复图像可结合

＿＿＿＿＿＿＿＿、＿＿＿＿＿＿＿＿、＿＿＿＿＿＿＿＿、

＿＿＿＿＿＿＿＿和＿＿＿＿＿＿＿＿工具来进行。

3. 上机操作：快速仿制并调整图像

打开图像后选择仿制图章工具，取样图像后新建"图层1"，在图像中单击以仿制图像，并水平翻转"图层1"图像，调整图像效果。

1. 打开图像

2. 仿制图像

3. 水平翻转图像

答案

1. 选择题　　（1）B　　　　（2）C

2. 填空题　　（1）画笔工具　铅笔工具　颜色替换工具　混合器画笔工具

历史画笔工具　历史记录画笔工具

（2）污点修复画笔工具　修复画笔工具　修补工具

红眼工具　仿制图章工具　图案图章

随心所欲调整图像颜色

第6天

大家情况

努力指数

耐心指数

专题1 什么是调整命令

Photoshop 提供了调整命令和调整图层两种不同的调色操作，在对图像处理时，可根据不同情况来选择使用，目的都是为了能更好地为图像调色。

01 调整命令的作用

在Photoshop中，执行"图像>调整"命令，在弹出的级联菜单中可以看到软件提供的一系列命令，如亮度/对比度、色阶、曲线、曝光度、色彩平衡、阈值等，通过这些调整命令，能对图像的颜色、色调、对比度以及饱和度等进行调整，从而赋予图像不同的色彩效果。

02 调整命令与调整图层的区别

调整命令与调整图层的最大区别在于调色操作的方式不同。其中使用调整图层功能后能再次调整设置的参数，相对来说更为灵活。应用调整命令时可执行"图像>调整"命令，在弹出的级联菜单中选择调色命令，在弹出的参数设置对话框中调整参数，完成后单击"确定"按钮，即可应用调色效果。而应用调整图层时，可在"图层"面板中单击"创建新的填充或调整图层"按钮，在弹出的快捷菜单中选择相应的调色命令，也可执行"图层>新建调整图层"命令，在弹出的菜单中选择相应的命令。此时即可显示出"调整"面板，在其中设置参数后，即可在图像中查看到图像的调色效果。

调整图层快捷菜单

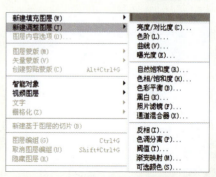

"调整"命令级联菜单

调整图层级联菜单

专题2 自动调整图像

自动调整图像是通过Photoshop中的自动调色命令来对图像进行调整的，通过应用自动色调、自动对比度和自动颜色三种命令可在不同程度上对图像进行快速调整。

01 自动色调

使用"自动色调"命令可校正图像中的黑场和白场，增强图像的色调亮度和对比度。打开图像后执行"图像>自动色调"命令或按下快捷键Ctrl+Shift+L，软件自动调整图像的明暗，使其协调。

02 自动对比度

使用"自动对比度"命令不会单独调整通道，因此不会引入或消除色痕。它剪切图像中的阴影和高光值后，将图像剩余部分的最亮和最暗像素映射到纯白和纯黑，使高光更亮，阴影更暗。操作方法也很简单，执行"图像>自动对比度"命令或按下快捷键Alt+Ctrl+Shift+L即可。

03 自动颜色

使用"自动颜色"命令可自动调整图像的对比度和颜色。默认情况下，该命令以一个中间值为目标颜色来调和中间调，并同时剪切0.5%的阴影和高光像素。要更改这些默认值，可通过"自动颜色校正选项"对话框进行更改。该命令的操作方法与前面两种类似，打开图像后执行"图像>自动颜色"命令或按下快捷键Ctrl+Shift+B即可。

原图

使用自动颜色命令后的图像效果

提示： 认识自动颜色命令

Photoshop中的"自动颜色"命令多用于调整夜景照片，修复灯光的偏色效果 哦！

专题3 图像色彩和色调的基本调整

图像色彩和色调的基本调整是指应用Photoshop中的基本调色命令，例如"色阶"命令、"曲线"命令、"亮度/对比度"命令、"色彩平衡"命令、"变化"命令和"HDR色调"来调整图像，通过调整阴影、中间调和高光区域的像素，或图像中各通道、各颜色成分区域的像素，来增强图像的色调，表现出靓丽的颜色效果。

01 色阶

色阶是表示图像亮度强弱的指数标准。使用"色阶"命令可调整图像的阴影、中间调和高光区域的强度，以校正图像的色彩范围和色彩平衡。打开图像后执行"图像>调整>色阶"命令或按下快捷键Ctrl+L，打开"色阶"对话框，在其中进行相关设置后，单击"确定"按钮，即可应用调整效果。

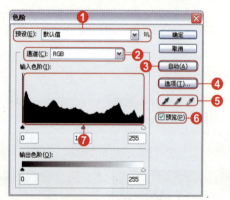

"色阶"对话框

❶ **"预设"选项：** 在该下拉列表中选择预设的色阶样式，对图像快速应用色阶调整效果。

❷ **通道：** 包括当前图像文件颜色模式中的各通道。如RGB颜色模式下，图像的通道选项分别为RGB、红、绿和蓝通道。

❸ **"输入色阶"选项：** 位于直方图左端的滑块代表图像的阴影区域，直方图右端的滑块代表高光区域，位于中间的滑块代表中间调区域。

❹ **"自动"按钮：** 单击该按钮可自动调整图像的色调对比效果。

❺ **"选项"按钮：** 单击"选项"按钮，弹出"自动颜色校正选项"对话框，在该对话框中可对图像整体色调范围的应用选项进行设置。

❻ **"取样"按钮组：** 单击"在图像中取样以设置黑场"按钮 ✎，可对图像的阴影区域进行调整；单击"在图像中取样以设置灰场"按钮 ✎，将对图像的中间调区域进行调整；单击"在图像中取样以设置白场"按钮 ✎，将对图像的高光区域进行调整。

❼ **"预览"复选框：** 勾选"预览"复选框后，可在图像中预览当前色阶设置效果。

动动手 增添图像明暗对比

 视频文件：增添图像明暗对比.swf   最终文件：第6天\Complete\01.psd

❶ 打开本书配套光盘中第6天\Media\01.jpg图像文件。按下快捷键Ctrl+J，复制出"图层 1"。执行"图像>调整>色阶"命令或按下快捷键Ctrl+L，打开"色阶"对话框，在其中设置输入色阶的参数，调整图像效果。

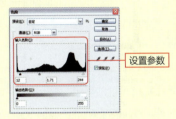

❷ 继续在打开的"色阶"对话框中设置通道为"红"和"绿"，并分别拖动滑块调整参数，单击"确定"按钮应用调整，从而改变图像效果。

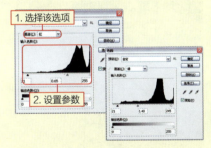

❸ 继续按下快捷键Ctrl+L，打开"色阶"对话框，在其中拖动参数，完成后单击"确定"按钮，再次调整图像的明暗对比，加强效果。

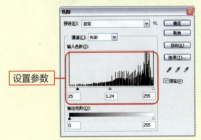

151

02 曲线

　　使用"曲线"命令可对图像整体的色调范围中从阴影到高光的点进行调整，此时的调整是基于图像的色调明暗度和颜色的，而操作则是通过调整直方图中的曲线来完成的。执行"图像>调整>曲线"命令或按下快捷键Ctrl+M，打开"曲线"对话框。在曲线需要调整的地方单击并拖动以调整曲线，完成后单击"确定"按钮即可应用调整操作。

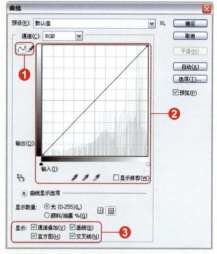

"曲线"对话框

❶ **曲线编辑框：**曲线的水平轴表示原始图像的亮度，垂直轴表示处理后新图像的亮度，在曲线上单击可创建锚点。移动曲线锚点可调整图像色调，曲线的右上部分代表高光区域，左下部分代表阴影区域。若将曲线上方控制点向下移动，则会以较大"输入"值映射到较小的"输出"值，图像也会随之变暗；若将下方控制点向上移动，则将以较小的"输入"值映射到较大的"输出"值，图像也随之变亮。

❷ **曲线创建类型按钮：**单击"编辑点以修改曲线"按钮，表示以拖动曲线上的控制点的方式来调整图像；单击"通过绘制来修改曲线"按钮，可在直方图中以铅笔绘画的方式调整图像色调。

❸ **显示栏：**包括"通道叠加"、"基线"、"直方图"和"交叉线"4个复选框，只有勾选这些复选框才会在曲线编辑框里显示3个通道叠加以及基线、直方图和交叉线的效果。

原图

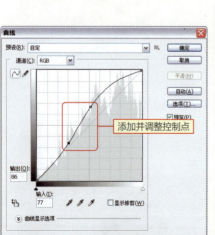

调整曲线

　　添加并调整控制点

调整后的图像效果

动动手 调整图像颜色对比

 视频文件：调整图像颜色对比.swf   最终文件：第6天\Complete\02.psd

❶ 打开光盘中第6天\Media\02.jpg图像文件。执行"图像>调整>曲线"命令或按下快捷键Ctrl+M，打开"曲线"对话框，单击"在图像中取样以设置灰场"按钮 ，在远处小树上单击取样以设置灰场，此时图像效果和对话框都发生了变化，单击"确定"按钮应用调整。

在该处单击

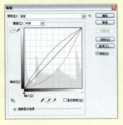

❷ 继续执行"图像>调整>曲线"命令，打开"曲线"对话框，在其中单击并拖动控制点，调整曲线，在"通道"选项中分别选择"红"和"蓝"通道，继续调整曲线以改变图像颜色，单击"确定"按钮确认调整。

添加控制点

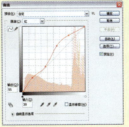

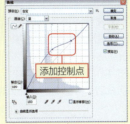
添加控制点

学习感悟：图像调色技巧

Photoshop提供了一系列的调色命令，可以调整图像的颜色对比效果。除了使用曲线命令外，还可结合色彩平衡、色相/饱和度等调命令来进行，综合运用这些命令调整能让图像的颜色呈现出更细腻的效果，**很神奇吧！**

03 亮度 / 对比度

亮度即图像的明暗，对比度表示的是图像中最亮的白和最暗的黑之间不同亮度层级的差异范围。使用Photoshop中的"亮度/对比度"命令可对图像的色调范围进行简单调整，通过更改图像的亮度色调值和对比度，增强图像色调对比。

该命令的使用方法是，打开图像后执行"图像>调整>亮度/对比度"命令，打开"亮度/对比度"对话框，在其中拖动滑块调整参数，完成后单击"确定"按钮即可应用调整。

原图

设置参数

应用"亮度 / 对比度"命令

调整后的图像效果

04 色彩平衡

使用"色彩平衡"命令可以在图像原色的基础上根据需要来添加其他颜色，或通过增加某种颜色的补色，以减少该颜色的数量，从而改变图像的色调，用于校正图像的色偏现象。

该命令的使用方法是，打开图像后执行"图像>调整>色彩平衡"命令或按下快捷键Ctrl+B，打开"色彩平衡"对话框。在对话框中的"色调平衡"选项组中，选择不同的单选按钮，并在"色彩平衡"选项组的"色阶"后的数字框中输入数值或直接拖动滑块调整参数，完成后单击"确定"按钮即可应用调整。

原图

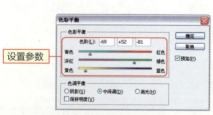

设置参数

应用"色彩平衡"命令

调整后的图像效果

动动手 为照片调出怀旧的颜色

 视频文件：为照片调出怀旧的颜色.swf　　最终文件：第6天\Complete\03.psd

❶ 打开本书配套光盘中第6天\Media\03.jpg图像文件。单击"创建新的填充或调整图层"按钮 ，在弹出的菜单中选择"曲线"选项，创建出"曲线1"调整图层，在其面板中添加控制点调整曲线，从而加强图像的明暗对比效果。

添加控制点并调整曲线

❷ 使用相同的方法创建出"色彩平衡"调整图层，在其面板中单击"中间调"和"高光"单选按钮，设置参数调整图像颜色效果。

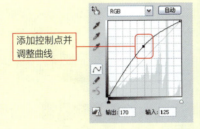

选择

设置参数

❸ 继续使用相同的方法创建出"色阶1"调整图层，在其面板中调整参数，加强图像的对比，赋予图像怀旧感的同时也加强了光感。

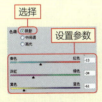

设置参数

05 变化

"变化"命令在功能上整合了色彩平衡、亮度、对比度以及色彩平衡等命令的特点，将对图像颜色、明暗、光感的调整融合在一起。打开图像，执行"图像>调整>变化"命令，在"变化"对话框中单击颜色调整后的缩览图，即可快速为图像添加相应的色调，也可重复添加效果。还可通过"阴影"、"高光"和"饱和度"等单选按钮，对图像中的阴影部分或高光部分的细节处进行调整。

原图

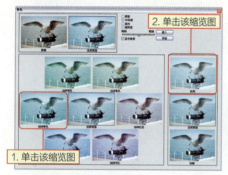

应用"变化"命令

调整后的图像效果

06 HDR 色调

使用"HDR色调"命令可将同一场景的不同曝光效果的多个图像合并起来。使用该命令可将合并后的图像存储为32位/通道、16位/通道或8位/通道的文件，但是只有32位/通道的文件可以将HDR图像数据全部存储。打开图像后执行"图像>调整>HDR色调"命令，在"HDR色调"对话框中拖动滑块以调整参数，完成后单击"确定"按钮即可应用调整。

原图

应用"HDR 色调"命令

调整后的图像效果

专题4 图像的特殊调整

图像的特殊调整是指都通过使用Photoshop中较为特殊的调色命令，如去色、反相、色调均化、色调分离、阈值和渐变隐射等来调整图像，从而赋予图像更多不同的视觉效果。

01 去色

去色即去掉图像中的颜色像素，使其呈现出为黑白灰的效果。只需直接执行"图像>调整>去色"命令即可。

也可以使用"黑白"命令达到去色效果。执行"图像>模式>黑白"命令，在"黑白"对话框中拖动各个颜色选项下的滑块调整参数，从而改变图像中相应颜色的灰度的深浅效果。

原图

使用"去色"命令后的效果

使用"黑白"命令后的效果

02 反相

"反相"命令是将图像中的所有颜色替换为其补色，使图像呈现出类似负片的效果。执行"图像>调整>反相"命令或按下快捷键Ctrl+I即可应用调整。

原图

使用"反向"命令后的效果

03 色调均化

　　"色调均化"命令将重新分布图像中像素的亮度值，以便更均匀地呈现所有范围的亮度级。其中最暗值为黑色，最亮值为白色，中间像素则均匀分布。其操作也很简单，打开图像，执行"图像>调整>色调均化"命令即可应用调整。

原图

使用"色调均化"命令后的效果

学习感悟： 了解色调均化命令

哇哈哈！Photoshop中的色调均化命令没有对应的调整图层，若需使用该命令，可通过执行相应的菜单命令来进行，**你学会了吗？**

04 色调分离

　　"色调分离"命令较为特殊，在一般图像调色处理中使用频率不是很高，但它能将图像中有丰富色阶渐变的颜色进行简化，从而让图像呈现出木刻版画或卡通画的效果。打开图像后，执行"图像>调整>色调分离"命令，在打开的"色调分离"对话框中，拖动滑块调整参数，其取值范围在2~255之间，数值越小，分离效果越明显，完成后单击"确定"按钮即可应用调整。

原图

应用"色调均化"命令

调整后的效果

05 阈值

　　使用"阈值"命令能将灰度模式或其他彩色模式下的图像转换为高对比度的黑白效果图像。通过在"阈值"对话框中设置阈值色阶作为阈值，图像中比阈值亮的像素转换为白色，而比阈值暗的像素转换为黑色。该命令常用于一些需要将图像转换为手绘效果的案例中。打开图像后执行"图像>调整>阈值"命令，在打开的"阈值"对话框中调整参数单击"确定"按钮即可应用调整。

原图

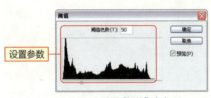

设置参数

应用"阈值"命令

调整后的效果

06 渐变映射

　　"渐变映射"命令将图像中的阴影映射到渐变填充的一个端点颜色，将高光映射到另一个端点颜色，而中间调映射到两个端点颜色之间。使用该命令可将相同的图像灰度范围映射到指定的渐变填充色。执行"图像>调整>渐变映射"命令，在打开的对话框中单击渐变颜色条，打开渐变编辑器，选择渐变样式，也可追加一些软件自带的渐变样式，还可手动调整一些渐变颜色，完成后依次单击"确定"按钮，即可为图像映射相应的颜色效果。

原图

调整渐变颜色

应用"渐变映射"命令

调整后的效果

专题5 进入更深入的图像调整

为了让图像的颜色和色调更丰富，可结合Photoshop中的色相/饱和度、匹配颜色、替换颜色、可选颜色、阴影/高光和通道混合器这6个相对高级的调色命令来进行，从而让图像能更随心所欲地变换效果。

01 色相 / 饱和度

色相是由原色、间色和复色构成的，主要用于形容各类色彩的样貌特征。饱和度又称纯度，是指色彩的浓度，以色彩中所含同亮度的中性灰度的多少来衡量。使用"色相/饱和度"命令可以调整图像的颜色，还可结合饱和度、明度的调整，丰富图像效果。同时勾选"着色"复选框，通过调整色相可赋予图像更具层次感的单色效果。

打开图像后执行"图像>调整>色相/饱和度"命令，打开"色相/饱和度"对话框，拖动滑块设置参数，完成后单击"确定"按钮即可应用调整。

原图

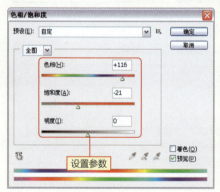

应用"色相 / 饱和度"命令

调整后的效果

02 匹配颜色

"匹配颜色"命令仅适用于RGB颜色模式，该命令的原理是在图像基元相似性的条件下，运用匹配准则搜索线条系数作为同名点进行替换，以快速修正图像偏色等问题。执行"图像>调整>匹配颜色"命令打开相应的对话框，在其中可更改亮度、颜色范围和中和色痕以调整图像颜色。勾选"中和"复选框可以使颜色匹配的混合效果有所缓和，在最终效果中保留一部分原先的色调，使其过渡更自然，效果更逼真。

快速替换人物肤色效果

视频文件：快速替换人物肤色效果.swf　　最终文件：第6天\Complete\04.psd

❶ 打开本书配套光盘中第6天\Media\04.jpg图像文件。选择磁性套索工具 ，沿人物脸部创建选区，并按下快捷键Ctrl+C复制选区图像。继续打开05.jpg图像文件，按下Ctrl+V粘贴图像，生成"图层1"，单击"图层1"前的"指示图层可视性"图标 ◉ 隐藏图层，然后单击选中"背景"图层。

创建选区

❷ 执行"图像>调整>匹配颜色"命令打开"匹配颜色"对话框，在"源"下拉列表中选择04.jpg选项，在"图像选项"选项组中拖动滑块调整参数，并勾选"中和"复选框。完成后单击"确定"按钮，此时经过调整的人物皮肤更具光亮的质感。

2. 设置参数

1. 选择该选项

学习感悟："匹配颜色"命令的妙用

在使用Photoshop提供的系列调色命令调整图像时，通常使用"匹配颜色"命令来调整图像中人物的肤色效果，一般会选择一些具有明亮质感的肤质的图像作为匹配的源素材，然后再对较暗、偏黄或质感不佳的图像进行匹配修复，使用这类方法修复得到的图像效果自然且真实，色调也比较适中，一定要记住哦！

03 替换颜色

　　"替换颜色"命令的原理是对图像中某颜色范围内的图像进行调整，改变图像中部分颜色的色相、饱和度和明暗度，从而改变图像的色彩效果。打开图像后执行"图像>调整>替换颜色"命令，打开"替换颜色"对话框，设置颜色容差值后，将光标移动到图像中需要替换颜色的区域上单击取样颜色，并在"替换"选项组中拖动滑块调整"色相"、"饱和度"等参数。完成后单击"确定"按钮即可应用调整。

原图

设置参数

应用"替换颜色"命令

调整后的效果

04 可选颜色

　　"可选颜色"命令的原理是对图像中限定了颜色区域的各像素中的青、洋红、黄、黑四色油墨进行调整，从而不影响其他颜色。使用可选颜色命令可有针对性地调整图像中某个颜色。执行"图像>调整>可选颜色"命令即可打开"可选颜色"对话框，在颜色栏中提供了9种颜色，根据图像中需要调整部分的颜色进行选择，默认情况为选择红色，在颜色项中拖动滑块调整参数，完成后单击"确定"按钮即可应用调整。

原图

设置参数

应用"可选颜色"命令

调整后的效果

校正人物偏黄肌肤

视频文件：校正人物偏黄肌肤.swf　　最终文件：第6天\Complete\06.psd

❶ 打开本书配套光盘中第6天\Media\06.jpg图像文件。单击"创建新的填充或调整图层"按钮 ◢，在弹出的菜单中选择"可选颜色"选项，添加一个"选取颜色1"调整图层，在弹出的"调整"面板中可看到，默认主色调为"红色"，拖动滑块设置参数以调整图像中的红色调。

❷ 继续"调整"面板中设置颜色为"黄色"和"中性色"，并分别设置各项参数，以调整图像效果，修复偏黄肌肤。

❸ 单击"创建新的填充或调整图层"按钮 ◢，在弹出的菜单中选择"曲线"选项，添加一个"曲线1"调整图层，在打开的"调整"面板中调整曲线，增加图像的明暗对比，让修复的图像颜色更自然饱满。

添加并拖动锚点

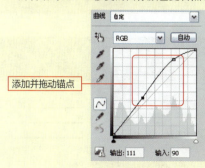 

05 阴影 / 高光

使用"阴影/高光"命令可以校正由于强逆光而导致照片局部过暗的现象，或由于太接近相机闪光而导致的焦点发白现象。该命令不是简单地将图像变暗或变亮，而是基于阴影或高光的周围像素增亮或变暗图像。默认状态下的"阴影/高光"命令的参数设置对话框中只显示"阴影"和"高光"选项的"数量"参数设置，勾选"显示更多选项"复选框即可弹出更多其他设置选项。这些命令的使用方法基本类似，只需执行相应的操作即可。

原图

应用"阴影 / 高光"命令

调整后的效果

06 通道混合器

"通道混合器"命令的原理是将图像中某个通道的颜色与其他通道中的颜色进行混合，使图像产生合成效果，从而达到调整图像色彩的目的。使用"通道混合器"调整命令用于创建高品质的灰度图像或其他色调图像，通过设置图像各通道的颜色百分比以调整图像的色调。使用该命令还可将图像转换为灰度色调后再应用通道百分比调整，以创建个性的特殊色调。在其参数设置对话框中勾选"单色"复选框，即可转换图像色调为灰度效果，此时再拖动滑块设置参数，可创建出具体层次感的黑白图像效果。

原图

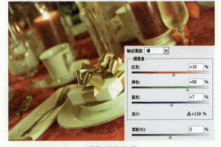

调整后的效果

今日作业

1. 选择题

（1）在Photoshop中，可在打开图像后直接按下快捷键（　　）来调整图像的自动颜色。

  A．Ctrl+Shift+B   B．Ctrl+Shift+L

  C．Shift +Ctrl+U   D．Alt+Ctrl+Shift+L

（2）要调整图像的颜色可通过"色彩平衡"命令来进行，此时可按下快捷键（　　）快速进入到该"调整"面板。

  A．Shift+B   B．Alt+B   C．Ctrl+U   D．Ctrl++B

2. 填空题

（1）可运用于对图像的颜色和色彩进行基本调整的调色命令有＿＿＿＿＿＿＿＿、＿＿＿＿＿＿＿＿、＿＿＿＿＿＿＿＿、＿＿＿＿＿＿＿＿、＿＿＿＿＿＿＿＿和＿＿＿＿＿＿＿＿。

（2）要将图像转换为黑白手绘效果可以使用＿＿＿＿＿＿＿＿命令。

（3）若需要将图像中某颜色范围内的图像进行调整或直接替换为其他的颜色，可使用＿＿＿＿＿＿＿＿命令来进行。

3. 上机操作：调整图像色调

  打开图像后执行"图像>调整>色相/饱和度"命令，在打开的对话框中勾选"单色"复选框，并拖动滑块设置参数。设置完成后单击"确定"按钮应用调整，赋予图像艺术的单色调效果。

   1.打开图像

  2.调整色相 / 饱和度

  3.确认调整

答案

1. 选择题   （1）A   （2）D

2. 填空题   （1）色阶   曲线   亮度/对比度   色彩平衡   变化DHR色调

        （2）阈值   （3）替换颜色

巧妙应用文字工具

第7天

天气情况

努力指数 ★★★★

心情指数 ♡♡♡

漫画:

文字的输入与编辑

专题1 如何创建文字

不论是在图像处理还是平面设计领域中，文字都是不可或缺的元素之一。好的文字排版能美化图像，锦上添花。在Photoshop中，使用横排文字工具 **T**、直排文字工具 **IT**、横排文字蒙版工具 **T** 以及直排文字蒙版工具 **IT**，就可以创建出相应的文字效果。

01 输入横排文字与直排文字

图像中的文字根据排列方式不同，分为横排文字和直排文字。在Photoshop中可根据实际情况，结合横排文字工具 **T** 和直排文字工具 **IT** 输入文字。

具体方法是，单击横排文字工具 **T** 或直排文字工具 **IT**，在属性栏中设置字体、字号以及颜色等参数（若要输入竖排英文文字，还应单击"字符"面板右上角的扩展按钮，在弹出的菜单中选择"标准垂直罗马对齐方式"选项），在图像中需要输入文字的位置单击鼠标，此时在图像中会出现相应的文本插入点，在文本插入点后输入文字内容，完成后单击属性栏中的"提交所有当前编辑"按钮 ✔ 即可完成输入操作。

确定文本插入点

输入横排文字

输入直排文字

学习感悟： 轻松取消文字的输入

哇哈哈！在Photoshop中输入文字时，若输入的文字有误，需要更改时，可以单击属性栏中的"取消所有当前编辑"按钮 ⊘，取消文字的输入，也可按退格键将输入的文字逐个删除。文字输入完成后还可以使用移动工具来调整文字在图像中的位置，你学会了吗？

为图像添加艺术文字

 视频文件：为图像添加艺术文字.swf　　最终文件：第7天\Complete\01.psd

❶ 打开本书配套光盘中第7天\Media\01.jpg图像文件。单击横排文字工具 T.，设置前景色为白色，在属性栏中设置文字的字体和字号，在图像中单击确定文本插入点，在其后输入文字。

❷ 单击属性栏中的"提交所有当前编辑"按钮 ✔，确认输入。按下快捷键Ctrl+T，旋转图像，让文字和卡片平行。此时可以看到文字的字体与整个图像在感觉上非常不协调，执行"窗口>字符"命令，打开"字符"面板，在其中可以调整文字字体、字号以及字距。

❸ 单击"颜色"色块，在弹出的对话框中设置颜色（R106、G44、B51）。继续输入并调整文字，制作出手写卡片的文字效果。

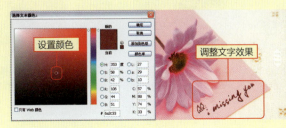

169

02 输入段落文字

单击横排文字工具，即可在菜单栏下方显示该工具的属性栏，下面对其选项进行介绍。

横排文字工具栏

❶ **"切换文本取向"按钮** ![]：单击该按钮可切换文字的横排或竖排状态。

❷ **"设置字体系列"下拉列表**：在其中可以选择需要的字体。

❸ **"设置字体样式"下拉列表**：在其中可以设置文字的字体形态。

❹ **"设置字体大小"下拉列表**：在其中可以选择字体的大小，也可以输入需要的字体大小。

❺ **"设置消除锯齿的方法"下拉列表**：设置消除文字锯齿的模式。单击该下拉列表按钮，其中提供了5种控制文字边缘的方式，即"无"、"锐利"、"犀利"、"浑厚"和"平滑"。

❻ **文本对齐按钮组** ![]：用于快速设置文本对齐方式，从左到右依次为"左对齐文本"、"居中对齐文本"和"右对齐文本"。

❼ **设置"文本颜色"颜色框** ![]：单击色块，打开"选择文本颜色"对话框，在其中设置文本颜色。

❽ **"创建文字变形"按钮** ![]：单击该按钮，打开"变形文字"对话框，在对话框中设置参数可以创建变形文字。

❾ **"切换字符和段落面板"按钮** ![]：单击该按钮，可以打开"字符"和"段落"面板。

学习感悟：轻松输入段落文字

若需要输入大量文字内容时，可通过创建段落文字的方式来完成。其方法是，单击文字工具，拖动鼠标在图像中绘制出段落文本框，文本插入点自动插入到文本框前端，当输入的文字达到文字框边缘时则自动换行，或者直接按 Enter 键主动换行，完成输入后单击"提交所有当前编辑"按钮 ✔，即可完成段落文字输入。**很神奇吧！**

绘制文本框

输入文字内容　　　　　确认输入

输入的段落文本

制作杂志页面效果

 视频文件：制作杂志页面效果.swf　最终文件：第7天\Complete\02.psd

❶ 打开本书配套光盘中第7天\Media\02.jpg图像文件。单击横排文字工具 T，设置前景色为白色，在"字符"面板中设置文字的字体和字号，并在图像中输入文字，注意输入文字时新建几个图层，分别在不同的图层上输入文字，以便调整文字的位置，方便编排文字。

❷ 继续单击横排文字工具 T，在图像中拖动鼠标绘制出段落文本框，在其中输入文字，完成后单击属性栏中的"提交所有当前编辑"按钮 ✔，确认文字输入。

❸ 选择段落文字所在图层，执行"窗口>段落"命令，打开"段落"面板，单击"右对齐文本"按钮 ▤，调整文字的对齐方式，为图像添加杂志页面的文字编排效果。

171

03 输入蒙版文字

蒙版文字是指在Photoshop中通过使用横排文字蒙版工具 T. 和直排文字蒙版工具 T. 创建文字型选区，还可以通过为选区填充颜色来调整文字效果。

这里以横排文字蒙版工具的使用方法为例进行介绍。单击横排文字蒙版工具 T.，在属性栏中设置文字的字体和字号，在图像中单击以定位文本插入点，此时进入快速蒙版编辑状态，图像呈半透明的红色显示，在文本插入点后输入文字，此时文字显示为不在蒙版编辑状态下的效果，单击属性栏中的"提交所有当前编辑"按钮 ✔，退出蒙版编辑状态，文字自动转换为选区。此时还可结合移动工具移动文字选区位置，也可结合渐变工具对选区进行相应的填充。

进入蒙版编辑状态

输入的文字

输入文字

得到的选区

退出蒙版得到选区

使用渐变填充选区

学习感悟： 快速切换段落文本和点文本

在Photoshop中还可将输入的段落文本转换为点文本。在图像中确认输入文字后，单击文字工具，在输入文字上直接单击鼠标右键，若此时输入的文本为点文本，则在弹出的快捷菜单中可以选择"转换为段落文本"选项，将其转换为段落文本，若

仿粗体	仿粗体
仿斜体	仿斜体
转换为段落文本	**转换为点文本**
文字变形…	文字变形…
图层样式…	图层样式…

弹出的快捷菜单中的不同的选项

输入的为段落文本，则在弹出的快捷菜单中可以选择"转换为点文本"选项，将其转换为点文本，这样就可在点文本和段落文本之间进行切换。一定要记住哦！

专题2 文字的基本操作

在Photoshop中输入相应的文字后，还可以根据情况对文字的字体、字号、颜色、行距、字间距、对齐方式以及缩进等格式进行调整，也就是我们常说的对文字的基本操作。这些操作可在"字符"和"段落"面板中进行，下面我们首先来认识一下这两个关键的面板。

01 认识"字符"面板

执行"窗口>字符"命令，即可打开"字符"面板。在"字符"面板中可以对文字的字体、字号（即大小）、间距、颜色、显示比例和显示效果进行设置。

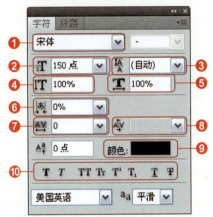

"字符"面板

❶ **"设置字体系列"下拉列表：** 在该下拉列表中可以选择需要的字体。

❷ **"设置字体大小"下拉列表：** 在该下拉列表中可以选择字号，也可直接输入需要的字号。

❸ **"设置行距"下拉列表：** 在该下拉列表中可以设置各文字行之间的垂直间距，也可直接输入数值调整行距。

❹ **"垂直缩放"文本框：** 可以设置所选中文字的高度缩放比例。

❺ **"水平缩放"文本框：** 可以设置所选中文字的宽度缩放比例。

❻ **"设置所选字符的比例间距"下拉列表：** 在该下拉列表中可以设置所选字符之间的比例间距。范围为0%～100%，数值越大字符之间的间距越小。

❼ **"设置所选字符的字距调整"下拉列表：** 在该下拉列表中能够设置所选字符的间距。

❽ **"设置两个字符间的字距微调"下拉列表框：** 在该下拉列表框中可微调两个字符的间距。

❾ **"设置文本颜色"选项：** 单击颜色色块，即可打开"选择文本颜色"对话框，可在颜色选择区域单击以设置需要的颜色，然后单击"确定"按钮即可。

⑩ **字体特殊样式选项：** 在该选项组中单击相应按钮，即可为文字添加一定的特殊效果。从左到右依次为"仿粗体"按钮 **T**、"仿斜体"按钮 *T*、"全部大写字母"按钮 **TT**、"小型大写字母"按钮 **Tr**、"上标"按钮 **T¹**、"下标"按钮 **T₁**、"下划线"按钮 **T** 和"删除线"按钮 **T̶**。

02 认识"段落"面板

执行"窗口>段落"命令，打开"段落"面板，或在"字符"面板中单击"段落"选项卡也可切换到"段落"面板。"段落"面板主要用来设置段落格式，包括设置文字的对齐方式和缩进方式等，不同的段落格式有不同的段落文字效果。

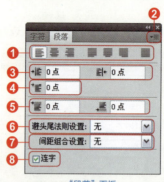

"段落"面板

❶ **对齐方式按钮组：** 提供了7种对齐方式的按钮供用户选择，分别为"左对齐文本"、"居中对齐文本"、"右对齐文本"、"最后一行左对齐"、"最后一行居中对齐"、"最后一行右对齐"和"全部对齐"方式，用户可根据需要对文本进行对齐设置。

❷ **扩展按钮：** 单击该按钮，打开扩展菜单，可以对段落进行更多的设置。

❸ **左缩进和右缩进：** 输入参数可设置段落文字的单行或整段的左右缩进。

❹ **首行缩进：** 输入参数可对段落文字的首行缩进进行控制。

❺ **段前和段后添加空格：** 输入参数可对段前和段后文字添加空格。

❻ **避头尾法则设置：** 单击右侧的下拉按钮，可以在弹出的下拉列表中选择"JIS宽松"和"JIS严格"选项来设置段落文字的编排方式。

❼ **间距组合设置：** 单击右侧下拉按钮，在弹出的下拉列表中可以选择软件提供的段落文字的间距组合选项。

❽ **"连字"复选框：** 勾选该复选框，可将段落文字的最后一个英文单词拆开，自动添加连字符号，而剩余的部分则自动换到下一行。

提示：快速全部对齐文本

除了可对横排文字进行左对齐、居中对齐、右对齐，对竖排文字进行顶对齐、居中对齐和底对齐外，还可在"段落"面板中单击"全部对齐"按钮 █ 或 ▥，即可将文本全部对齐哦！

03 设置文字的字体与大小

在图像中输入文字后，若对文本的字体和大小不满意，可以对其进行局部调整，使其效果更完美。调整操作可以在文字工具属性栏中进行，也可以在"字符"面板中进行。具体更改部分文字字体与大小的方法是：选择文字工具，在添加的文字中单击并拖动鼠标以选择需要修改的文字部分，此时文字呈反色显示，然后在文字工具的属性栏或"字符"面板中的"设置字体系列"下拉列表中选择合适的字体，在"设置字体大小"下拉列表中设置文本的字号即可。

选择部分文字

设置文字字体和大小后的效果

04 设置文本对齐方式

在图像中输入横排文字时，在文字工具属性栏中可对文字进行左对齐、居中对齐、右对齐设置。当输入直排文字时，则可在文字工具属性栏中对文字进行顶对齐、居中对齐和底对齐设置，这些操作也可在"段落"面板中完成。设置文本对齐方式的操作比较简单，选择文字后单击相应的对齐按钮即可。

左对齐文本

居中对齐文本

右对齐文本

05 设置文字样式

文字样式是指字体附带的加粗、斜体等样式效果。在"字符"面板中打开"设置字体样式"下拉列表，可以看到，有的英文字体自带了一些字体样式，可以在其中直接选择相应的样式，而大多数中文字体都没有自带这类样式，所以当选择中文字体时其"字符"面板中的"设置字体样式"下拉列表呈灰色显示，表示不可用。

不同情况下的"**设置字体样式**"下拉列表

相同字体，不同样式的文字效果

06 栅格化文字图层

在Photoshop软件中输入文字即创建文字图层，但在"字符"面板中只可适当调整文字格式，却无法对文字图层应用相应的调色命令，此时可通过栅格化文字图层的操作，将文字图层栅格化为普通图层。其方法为选择文字图层后，执行"图层>栅格化>文字"命令，即可栅格化文字图层。

原图效果和文字图层

栅格化为普通图层并填充渐变后的效果

学习感悟：快速栅格化文字图层

哇哈哈！栅格化文字图层还有一种快捷方法：选择文字图层后，在图层名称上单击鼠标右键，在弹出的快捷菜单中选择"栅格化文字"命令即可，**你学会了吗？**

07 将文本转换为工作路径

Photoshop软件还能将输入的文字转换为文字形状的路径，只需输入文字后执行"图层>文字>创建工作路径"命令即可。

需要注意的是，转换为工作路径后的路径和文字重叠，此时可使用路径选择工具 ![pointer] 对文字路径进行移动，调整路径的位置，使其更明显，还可按下快捷键Ctrl+Enter将路径转换为选区，使用渐变工具填充选区颜色，快速制造出具有渐变效果的文字。

输入文字

转换为路径并移动路径

转换为选区并填充选区

08 添加文字样式效果

在Photoshop中，除了可以对输入的文字进行一般的格式设置、对齐设置等相关编辑操作外，还可以将文字结合图层样式进行综合运用，使文字效果更多样。

Photoshop提供了投影、内阴影、外发光、内发光、斜面和浮雕、光泽、颜色叠加、渐变叠加、图案叠加和描边10种图层样式。可在输入文字后双击文字图层，快速打开"图层样式"对话框，勾选右侧相应的复选框，并在其面板上设置参数，单击"确定"按钮后即可快速为文字添加如阴影、发光等效果。

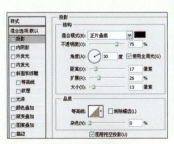

添加"投影"图层样式

为文字添加阴影效果

动动手 制作金属文字

视频文件：制作金属文字.swf　　最终文件：第7天\Complete\03.psd

❶ 打开本书配套光盘中第7天\Media\03.jpg图像文件。单击横排文字工具 T，在"字符"面板中设置文字格式和效果，调整颜色为白色，在图像中输入文字，并分别选择两个单词，设置不同的字号，调整其大小，形成一定的编排效果。

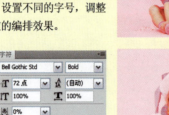

输入文字

❷ 继续使用横排文字工具，绘制出文本框，在其中输入段落文字，编排文字效果。

❸ 双击LOVELY BABY文字图层，在弹出的对话中勾选"斜面和浮雕"复选框并单击，设置参数，并调整阴影颜色为浅红色（R186、G100、B152）。

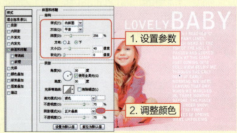

1. 设置参数

2. 调整颜色

❹ 勾选"投影"复选框并单击该选项，在右侧面板中设置如下参数，同时设置阴影颜色为（R155、G39、B123），单击"确定"按钮，制作出金属文字效果。

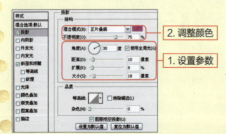

2. 调整颜色

1. 设置参数

专题3 变形文字

变形文字是指通过对文字进行一定的操作，使文字的整体形态或编排方式和效果出现一定的扭曲变形，从而让文字更具艺术感。可结合Photoshop中的"变形文字"命令和沿路径编排文字等操作来进行。

01 创建变形文字

创建变形文字可以在选择文字图层后执行"图层>文字>文字变形"命令，打开"变形文字"对话框，在"样式"下拉列表中提供了扇形、下弧、上弧、拱形、凸起、贝壳、花冠、旗帜、波浪、鱼形、增加、鱼眼、膨胀、挤压和扭转15种样式，选择相应样式，结合"水平"和"垂直"方向上的控制以及弯曲参数的设置，为文字添加效果。

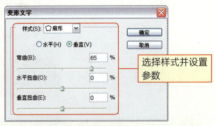

创建"变形文字"

输入文字

文字变形后的效果

02 沿路径编排文字

沿路径编排文字即让文字跟随路径进行排列。该功能将文字和路径结合，在一定程度上扩充了文字效果。具体操作方法是，首先使用钢笔工具或形状工具在图像中绘制出路径，单击横排文字工具 T. ，将光标移动到绘制的路径上，当光标变为形状 时，在路径上单击鼠标，此时光标将自动吸附到路径上，形成文本插入点，在其后输入文字，此时文字将自动围绕路径输入，最后单击属性栏中的"提交所有当前编辑"按钮 ✔ 确认输入即可。

学习感悟： 路径与路径文字的关系

路径上的文字是使用路径作为基线的点文字，绘制的路径可以是闭合形状，也可以是开放的线条。当创建路径文字后，绘制的路径就作为路径文字的组成部分，当改变路径形状时，路径文字也会发生改变。很神奇吧！

动动手 添加路径文字效果

 视频文件：添加路径文字效果.swf　最终文件：第7天\Complete\04.psd

❶ 打开本书配套光盘中第7天\Media\04.jpg图像文件。单击钢笔工具 ✐，在图像中绘制出相应的曲线路径。

绘制路径

❷ 单击横排文字工具 T，将光标移动到路径上，当光标变为 时，在路径上单击鼠标，此时光标自动吸附到路径上，形成文本插入点。

定位文本插入点

❸ 在文本插入点后输入文字，此时文字将沿路径轨迹进行编排，单击属性栏中的"提交所有当前编辑"按钮 ✓确认输入。选择文字图层，按住Alt键的同时拖动文字，复制出多个路径文字。

输入文字

Franklin Gothic Medium　Regular　T 30 点

今日作业

1. 选择题

（1）切换文字工具组中的不同的工具，可按下快捷键（　）进行快速切换。

    A. Ctrl+T　　　　B. Alt+T　　　　C. Shift+D　　　　D. Shift+T

（2）在为输入文字添加阴影时，默认情况下阴影颜色为（　）。

    A. 白色　　　　B. 黑色　　　　C. 黄色　　　　D. 无颜色

2. 填空题

（1）在Photoshop中，可用于输入文字的工具有＿＿＿＿＿＿＿＿＿、
＿＿＿＿＿＿＿、＿＿＿＿＿＿＿和＿＿＿＿＿＿＿。

（2）在输入横排文字后，可通过在属性栏中单击相应的按钮对其进行
＿＿＿＿＿＿＿、＿＿＿＿＿＿和＿＿＿＿＿＿操作。

（3）若是要对文字进行"填充"命令的操作，需要首先对文字进行
＿＿＿＿＿＿处理，才能顺利进行。

3. 上机操作：输入并调整段落文字

打开图像后使用直排文字工具输入段落文字，并在"段落"面板中单击相
应的按钮，设置文字的对齐方式。

1.输入段落文字　　　　　2.底部对齐文本　　　　　3.全部对齐文本

答案

1. 选择题　　　（1）D　　　（2）B

2. 填空题　　　（1）横排文字工具　直排文字工具　横排文字蒙版工具
直排文字蒙版工具

（2）右对齐　居中对齐　左对齐　　（3）栅格化

灵活的图形绘制

第8天

天气情况 ☀☀☀☀☀

努力指数 ⭐⭐⭐

完成指数 ♡♡♡♡

漫画：

灵活绘制图形

专题1 认识路径

Photoshop中的路径表现为一些不可打印的闭合或者开放的曲线段，它的主要作用是帮助用户调整和进行精确定位，同时还能配合创建一些不规则选区。下面就来了解一下路径与选区的区别，并认识"路径"面板。

01 路径与选区的区别

选区是由虚线线条包围的区域，而路径是由锚点和连接锚点的曲线构成的，每个锚点还包含了两个控制柄，用来精确调整锚点及前后线段的曲度。相比而言，路径可以通过锚点将形状调整得更丰富，而选区则相对单一些。绘制路径后，可按下快捷键Ctrl+Enter，快速将路径转换为选区，便于图像的下一步操作。

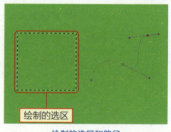

绘制的选区

绘制的选区和路径

02 认识"路径"面板

执行"窗口>路径"命令，即可打开"路径"面板，通过单击相应按钮来管理和编辑路径。

"路径"面板

❶ "用前景色填充路径"按钮 ：单击该按钮，将使用前景色填充当前路径。

❷ "用画笔描边路径"按钮 ：单击该按钮，可使用前景色沿着路径进行描边。

❸ "将路径作为选区载入"按钮 ：单击该按钮，可自动将路径转换为选区。

❹ "从选区生成工作路径"按钮 ：单击该按钮，将当前选区边界转换为工作路径。

❺ "创建新路径"按钮 ：单击该按钮可创建一个新路径。

❻ "删除当前路径"按钮 ：选择路径后，单击该按钮即可删除路径。

❼ 路径缩览图和路径名：用于显示路径的形状和名称，双击路径名称即可重命名路径。

提示：如何将选区转换为路径

当创建选区后，除了在"路径"面板中单击"从选区生成工作路径"按钮外，还可以单击鼠标右键，在弹出的快捷菜单中选择"建立工作路径"选项，弹出"建立工作路径"对话框，单击"确定"按钮，也可以将选区转换为路径哦！

专题2　绘制路径

Photoshop 中绘制路径的方法有很多种，可使用钢笔工具或自由钢笔工具绘制不规则的路径，同时还可以使用形状工具，通过不同的形状预设样式快速绘制出较为规则的路径。

01　钢笔工具

使用钢笔工具可绘制复杂或不规则的曲线路径。在输入法为英文的状态下按下 P 键即可选择该工具，也可按下快捷键 Shift+P，在钢笔工具和自由钢笔工具之间切换。下面介绍该工具的属性栏。

钢笔工具属性栏

❶ **定义路径的创建方式：**单击"形状图层"按钮，可以在形状图层中创建路径；单击"路径"按钮，直接创建路径；单击"填充像素"按钮，创建的路径为填充像素的形式，不过该按钮只有在选择矩形工具、圆角矩形工具或椭圆工具等形状工具时才可用。

创建的形状图层

绘制的路径

创建的路径

创建的填充像素

❷ **工具按钮组：**单击相应图标，可以在钢笔工具和相应形状工具的选项栏之间切换。

❸ **"几何选项"按钮：**显示当前工具的选项面板。其中在"钢笔选项"面板中勾选"橡皮带"复选框后，可以在绘制路径的同时显示橡皮带，用于确定路径绘制的趋势。

❹ **"自动添加/删除"复选框：**勾选该复制框可以定义钢笔停留在路径上时，是否具有添加或删除锚点的功能。

❺ **图标按钮组：**与选区工具属性栏类似，单击相应的按钮即可创建复合路径。

动动手 绘制标志效果

 视频文件：绘制标志效果.swf　最终文件：第8天\Complete\01.psd

❶ 按下快捷键Ctrl+N，在对话框中设置参数后单击"确定"按钮，新建图像文件，单击渐变工具 ■，设置渐变颜色为白色到绿色（R200、G222、B139），绘制从中心到边缘的径向渐变。

❷ 新建"图层1"，单击钢笔工具 ✍，在属性栏中单击"路径"按钮 ⬚，在图像中绘制出一个近似方形的路径。

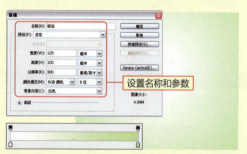

设置名称和参数

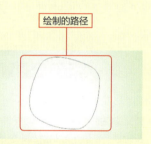

绘制的路径

❸ 将路径转换为选区，设置颜色（R74、G88、B27）到（R151、G190、B47）的渐变。

❹ 使用钢笔工具在图像中绘制一个闭合路径，转换选区后按下Delete键，删除选区内容，使其显示出底层的渐变图像，从而形成一个镂空效果。

❺ 新建"图层2"，使用钢笔工具绘制路径，使用与步骤3相同的渐变颜色填充选区，制作出标志图像。单击横排文字工具，设置颜色为深绿色（R73、G87、B26），输入文字使标志完整。

1. 绘制路径

2. 填充渐变

3. 添加文字

cycle energy

02 自由钢笔工具

使用自由钢笔工具 可以在图像窗口中通过拖动鼠标绘制任意形状的路径，此时创建的路径更自由。若在其属性栏中勾选"磁性的"复选框，则在图像中单击并拖动鼠标时，软件会随着鼠标的移动，自动识别图像中的相似边缘，并产生一系列锚点，即创建的路径会自动吸附图像的轮廓边缘。

绘制路径

转换为选区后反选选区并进行抠图

提示：快速绘制自由路径

在 Photoshop 中也可以直接使用自由钢笔工具，在图像中单击并拖动鼠标快速绘制出自由的路径效果哦！

03 形状工具

Photoshop中的形状工具集中在形状工具组中，包括了矩形工具、圆角矩形工具、椭圆工具、多边形工具、直线工具以及自定形状工具等，使用这些工具可帮助用户快速绘制出需要的路径效果。

1. 矩形工具

使用矩形工具可以创建出矩形或正方形形状。在属性栏的"矩形选项"面板中可以设置路径的创建方式，从而以指定的方式创建各种类型的矩形。如选择"方形"单选按钮，可以绘制出不同大小的正方形。

该工具的使用方法是，单击矩形工具，在属性栏上单击"形状图层"按钮，在图像中拖动鼠标绘制出以前景色填充的矩形形状，单击"路径"按钮，则绘制矩形路径。

绘制的矩形路径

绘制的正方形路径

绘制的矩形形状

2. 圆角矩形工具

使用圆角矩形工具可以绘制带有一定圆角弧度的矩形，该工具是对矩形工具的补充。通过在属性栏中设置"半径"值来创建不同圆角的圆角矩形。"半径"参数值的范围为0~1000px，参数值越大，圆角矩形越接近圆；值越小，圆角矩形越接近矩形。这些工具的使用方法都基本类似，这里不再一一赘述。

原图

绘制半径为 0px 的形状图层

绘制半径为 10 px 的形状图层

3. 椭圆工具

使用椭圆工具可以绘制椭圆形状和正圆形状。单击椭圆工具 ⬤ ，在属性栏中单击"路径"按钮 ▨ ，在图像中单击并拖动鼠标即可绘制椭圆路径，按住Shift键同时拖动鼠标则绘制的为正圆形状。同时，还可结合属性栏中"椭圆选项"面板，单击"圆（绘制直径和半径）"单选按钮，可创建任意大小的正圆，设置"固定大小"或"比例"参数可以绘制所需高度和宽度的圆。若是单击"不受约束"单选按钮，则可绘制大小比例不受限制的椭圆。

绘制的椭圆形

绘制正圆形

选择"固定大小"后绘制的正圆形

4. 多边形工具

使用多边形工具可以绘制出具有不同边数的多边形和星形。在绘制过程中可设置属性栏中"边"参数，以创建不同边数的多边形。此外，在"多边形选项"面板中还可以设置多边形的"半径"、"平滑拐角"、"星形"等选项，用于创建不同形态的多边形。在"半径"数字框中可设置绘制的多边形外接圆的半径；勾选"平滑拐角"复选框可以使多边形的拐角平滑；勾选"星形"复选框，即可绘制不同缩进量的星形；还可勾选"平滑缩进"复选框，平滑缩进多边形。

绘制的五边形

绘制的三角形

绘制的五角星形

5. 自定形状工具

使用自定形状工具可快速调用软件自带的各种不同的形状，很大程度节省了形状的绘制时间。单击自定形状工具，在属性栏中单击"形状"选项旁的下拉按钮，在"自定形状拾色器"中单击形状，以创建指定的形状。同时还可通过其扩展菜单来复位、存储和替换形状，以及选择自定形状库载入形状，或者通过"载入形状"命令载入其他CSH格式的自定形状。与其他形状工具一样，自定形状工具也可在"自定形状选项"面板中单击相应的单选按钮进行进一步的设置。

自定形状拾色器

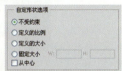

"自定形状选项"面板

绘制自定义形状效果

动动手 添加人物文身效果

 视频文件：添加人物文身效果.swf 最终文件：第8天\Complete\02.psd

❶ 打开本书配套光盘中第8天\ Media\ 02.jpg图像文件。

❷ 单击自定形状工具，在自定形状拾色器中添加"装饰"样式组，并单击选择"叶形装饰 3"形状样式。

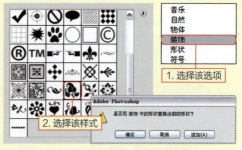

❸ 在属性栏中单击"路径"按钮，在图像中绘制路径，按下快捷键Ctrl+T，调整路径的大小和位置。新建"图层1"，转换路径为选区，并填充选区为暗红色（R83、G37、B43），再按快捷键Ctrl+D取消选区。

绘制的路径

❹ 在"图层"面板中设置"图层1"的混合模式为"叠加"，使其与皮肤的颜色混合，形成文身效果。复制得到"图层1 副本"图层，调整该图层的不透明度为30%，在一定程度上加强文身的醒目程度。

调整图像效果

专题3 选择路径

在图像中绘制路径后，若要实现选择、移动以及复制路径等操作，可以结合路径选择工具 和直接选择工具 来进行。

01 路径选择工具

路径选择工具可用于选择一个或多个路径并对其进行移动、组合、排列、变换等操作。其方法是单击路径选择工具 ，在绘制的路径上单击，整个路径即被选择，并显示出路径上的锚点，拖动鼠标即可移动路径。

原图

选择的路径

移动的路径

移动后的路径

02 直接选择工具

创建路径时，路径上的锚点及其控制柄被隐藏，不能直接看到，即使使用路径选择工具时也只能在路径上看到锚点的位置而无法拖动锚点。此时可使用直接选取工具，使用直接选择工具 单击路径，即可显示出路径的锚点，再单击需要改变的锚点，即可显示出锚点的控制柄，此时就可以通过拖动锚点和控制柄来改变路径形状。

利用直接选择工具选择路径

拖动锚点

调整路径形状

专题4 学会编辑路径

在掌握了路径的绘制与选择的相关操作后，还应学会编辑路径，使其能根据不同的需求进行变换。编辑路径的操作包括编辑路径锚点、复制和删除路径、保存路径、描边路径以及与选区的转换和填充。

01 编辑路径锚点

路径锚点的编辑包括锚点的添加、删除以及转化，可结合Photoshop中的添加锚点工具、删除锚点工具以及转换点工具来进行。

1. 添加锚点

使用添加锚点工具，可在现有的路径上添加锚点，以调整或美化路径。只需选择该工具后直接在需要添加锚点的路径位置单击即可添加锚点。另外，当使用该工具单击某个锚点时，可以选定该锚点，拖动该锚点可以实现锚点的移动。

原图

移动锚点调整路径形状

添加并移动锚点

添加锚点

2. 删除锚点

使用删除锚点工具可以删除不需要的锚点，改变路径形状，可以结合其他路径工具绘制各种路径。其方法与添加锚点工具类似，只需选择该工具后在直接需要删除的锚点处单击，即可删除该锚点。使用该工具可以直接拖动控制柄可以调整曲线。

单击该锚点

单击锚点

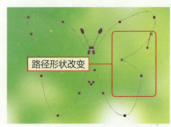

路径形状改变

删除锚点后的路径

3. 锚点的转换

使用转换点工具可将路径的锚点在尖角和平滑之间进行转换。其方法是单击转换点工具，将光标移动到需要转换的锚点上，按住鼠标左键不放并拖动锚点，此时会出现锚点的控制柄，拖动控制柄即可调整曲线的形状。

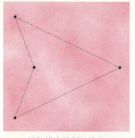
添加锚点绘制的路径

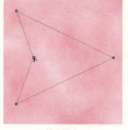
单击锚点

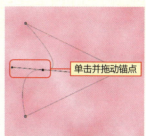
单击并拖动锚点

单击拖动锚点调整路径形状

02 复制和删除路径

创建路径后可对路径进行复制或删除操作。单击路径选择工具或直接选择工具，选择要复制的路径，按住Alt键并拖动路径即可在同一路径组复制路径。同时也可结合快捷键Ctrl+T调整复制路径的大小、位置、旋转角度以及翻转效果等。利用路径选择工具或直接选择工具选择不满意的路径，在该路径上单击鼠标右键，在弹出的快捷菜单中选择"删除路径"命令即可删除路径。

绘制的路径

复制的路径

复制路径

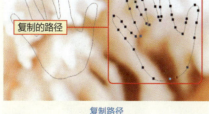
水平翻转路径

调整路径方向和位置

学习感悟：快速删除路径

哇哈哈！在Photoshop中还可通过在"路径"面板中选择需要删除的路径后按下键盘上的Delete键，快速删除路径，你学会了吗？

03 路径与选区的转换

　　路径与选区的转换比较简单。将路径转换为选区的方法是在创建路径后单击"将路径作为选区载入"按钮 　，或按下快捷键Ctrl+Enter。将选区转换为工作路径时，则可在显示选区的情况下单击"从选区生成工作路径"按钮 　。

04 保存路径

　　默认情况下，在图像中绘制的路径会默认为当前的工作路径。若将工作路径转换为选区并填充后，再次绘制路径时，则当前绘制的路径会自动覆盖前面的路径。此时可对路径进行保存，以便在以后的操作中快速调用。

　　保存工作路径的方法是，在"路径"面板中单击右上角的扩展按钮 　，在弹出的菜单中选择"存储路径"命令，在弹出的对话框中设置名称后单击"确定"按钮。

| 工作路径 | "存储路径"对话框 | 存储为路径1 |

学习感悟： 快速保存路径并新建路径

绘制路径后直接在"路径"面板中双击工作路径，也会弹出"存储路径"对话框，设置后单击"确定"按钮即可保存路径。还可以直接单击"创建新路径"按钮 　，创建一个新路径，路径默认以"路径+自然数"的形式命名。一定要记住哦！

05 填充路径

　　填充路径是指使用颜色或图案对图像中的路径区域进行填充，此时结合"填充路径"命令可对路径填充前景色、背景色或其他颜色，同时还能快速为图像填充图案。绘制路径后在"路径"面板中单击右上角的扩展按钮 　，在弹出的菜单中选择"填充路径"命令，打开"填充路径"对话框，在其中进行相应设置，单击"确定"按钮即可应用设置。

绘制的路径

设置选项

"填充路径"对话框   填充路径后的效果

06 描边路径

　　描边路径是指沿已绘制或已存在的路径，在其边缘添加一定的效果。可以是使用画笔得到的线条效果，也可以是使用橡皮擦工具得到的擦除效果。同时，画笔的笔触样式和颜色都是可以自定义的。此时可结合"描边路径"命令来操作。在"路径"面板中单击右上角的扩展按钮 ，在弹出的菜单中选择"描边路径"命令，即可打开"描边路径"对话框。下面对其中的参数进行介绍。

"描边路径"对话框   工具选项下拉菜单

❶"工具"选项： 单击下拉按钮，在弹出的下拉列表中提供了多种工具，如铅笔工具、橡皮擦工具、仿制图章工具等，结合这些工具对路径进行描边操作。

❷"模拟压力"复选框： 勾选该复选框，可使描边路径形成两端较细中间较粗的线条，取消勾选该复选框，则描边路径两端粗细相同。

学习感悟： 快速显示和隐藏路径

显示或隐藏路径可以通过使用快捷键或"路径"面板来完成操作。按下快捷键Ctrl+H可以隐藏路径，再次按下快捷键Ctrl+H可显示路径；在"路径"面板中单击选择某个路径即可显示相应路径，单击"路径"面板空白处即可隐藏路径。**很神奇吧！**

动动手 制作动感线条

 视频文件：制作动感线条.swf 最终文件：第8天\Complete\03.psd

❶ 打开本书配套光盘中第8天\ Media\03.jpg图像文件。

❷ 单击钢笔工具 ，沿树枝绘制曲线路径。单击画笔工具 ，设置前景色为绿色（R187、G206、B28），设置画笔样式和大小。

❸ 新建"图层1"，并在"路径"面板中单击扩展按钮 ，在弹出的菜单中选择"描边路径"命令，打开"描边路径"对话框，进行相应设置后单击"确定"按钮描边路径，得到绿色线条。

❹ 新建"图层2"，使用相同的方法，绘制路径并描边路径，得到绿色线条。

❺ 分别为"图层1"和"图层2"添加图层蒙版，使用黑色柔角画笔适当涂抹，使线条形成缠绕效果。打开本书配套光盘中第8天\Media\喷溅.png图像，移动到当前文件中，丰富图像效果。

 今日作业

1. 选择题

（1）在Photoshop CS5中绘制路径后，要将路径快速转换为选区，可按下快捷键（   ）。

A. Ctrl+I   B. Ctrl+Enter   C. Ctrl+O   D. Shift + Enter

（2）按住（   ）键的同时拖动路径即可在同一路径层中复制路径。

A. Alt   B. Shift   C. Delete   D. Ctrl

2. 填空题

（1）绘制路径后若要对路径进行编辑，可通过调整锚点来进行，此时可结合_____、_____和_____来编辑锚点。

（2）在钢笔工具属性栏中，可通过单击_____、_____和_____来定义路径的创建模式。

（3）钢笔工具属性栏中的图标按钮组，从左至右依次为_____按钮、_____按钮、_____按钮和_____按钮，单击不同的按钮即可创建复合路径。

3. 上机操作：结合自定形状工具绘制图像

打开图像，单击自定形状工具，设置前景色为白色，并在属性栏中单击"形状图层"按钮，同时设置形状样式，绘制出形状图层。

1. 打开图像

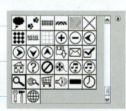
2. 设置形状样式

3. 绘制出白色图形

答案

1. 选择题　（1）B　（2）A

2. 填空题　（1）添加锚点工具　删除锚点工具　转换点工具

（2）"形状图层"按钮　"路径"按钮　"填充像素"按钮

（3）"添加到路径区域"　"从路径区域减去"　"交叉路径区域"　"重叠路径区域除外"

神秘的图层应用

第9天

天气情况

努力指数

心动指数

漫画：
图层的管理与分布

专题 1 什么是图层

在Photoshop 中，要对图像进行编辑还需要先认识图层这个概念。图层是软件功能的载体，将设计元素或图像信息分别置于一层一层的图层上，通过图层的组合形成最终图像。下面就来对"图层"面板以及图层的新建、复制、删除、显示和隐藏等基本操作进行介绍。

01 图层面板

Photoshop中的图像都存放在图层上，而存放图像信息的图层则显示在"图层"面板中。"图层"面板位于操作界面的右侧下方，也可通过执行"窗口>图层"命令打开"图层"面板，下面对"图层"面板进行介绍。

图像效果

"图层"面板

❶ **"混合模式"下拉列表** ：用于设置当前图层与其他图层的颜色叠加混合的方式。单击其后的下拉按钮即可显示出多种混合模式。

❷ **"不透明度"数值框：** 用于设置当前图层的总体不透明度，默认为"100%"，表示完全不透明，当数值为"0%"时则表示完全透明。

❸ **锁定工具组** 锁定: ☑ ✎ ✛ 🔒：该工具组中的按钮从左到右依次为"锁定透明像素"按钮☑，"锁定图像像素"按钮✎、"锁定位置"按钮✛和"锁定全部"按钮🔒，单击相应按钮即可锁定当前图像的相应对象。

❹ **"填充"数值框：** 用于设置当前图层填充后的内部不透明度。

❺ **"指示图层可视性"按钮** 👁：当该图标为👁状时，在图像窗口中将显示该图层上的图像，单击该图标，当其呈现█状态时，则隐藏该图层上的图像。

❻ **图层控制按钮组** ⟲ ƒx. ◐ ∅. ▢ ▢ 🗑：该组中的按钮从功能从左到右依次为链接图层、添加图层样式、添加图层蒙版、创建新的填充或调整图层、创建新组、创建新图层和删除图层。

02 图层的基本操作

掌握图层的基本操作是非常必要的，这些操作能帮助用户对图层进行创建、选择、显示、隐藏、复制和删除等操作，通过这些操作逐渐熟练图层的相关编辑。

1. 创建图层

Photoshop的图层分很多种类，包括背景图层、普通图层、文字图层、形状图层和调整图层，可通过不同的方式进行创建。

背景图层：打开一幅图像后会自动生成背景图层。

创建普通图层：在"图层"面板中单击"创建新图层"按钮 ，即可新建一个空白图层。

创建文字图层：单击文字工具，在图像中输入文字后自动创建出文字图层。

创建调整图层：单击"图层"面板下方的"创建新的填充或调整图层"按钮 ，在弹出的菜单中选择相应的命令，即可创建出相应的调整图层。

创建形状图层：使用任意形状工具，在其属性栏中单击"形状图层"按钮 ，设置形状样式后绘制形状，此时在"图层"面板中创建出相应的形状图层。

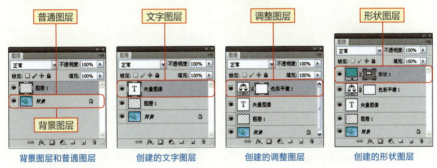

背景图层和普通图层　　创建的文字图层　　创建的调整图层　　创建的形状图层

2. 选择图层

通常情况下我们必须先选定图层，才能进行下一步的编辑。将光标移动到"图层"面板上，当其变为 形状时，单击需要选择的图层即可。也可单击第一个图层后，按住Shift键的同时再单击最后一个图层，即可选择它们之间的所有图层。还可以在按住Ctrl键的同时单击需要选择的图层，选择非连续的多个图层。

3. 显示与隐藏图层

显示和隐藏图层比较简单，在"图层"面板中单击"指示图层可视性"按钮 ，当该图标变为 时，则隐藏该图层上的图像。

4. 复制图层与删除图层

复制图层可以避免因为操作失误造成的图像效果的损失。复制图层的方法是在"图层"面板中单击选择需要复制的图层，将其拖动到"创建新图层"按钮 上即可复制图层。同样将图层直接拖动到"删除图层"按钮 上，释放鼠标后即可删除该图层。

动动手 结合多种类型的图层调整图像

 视频文件：结合多种类型图层调整图像.swf　最终文件：第9天\Complete\01.psd

❶ 打开本书配套光盘中第9天\Media\01.jpg 图像文件。

❷ 在"图层"面板中单击"创建新的填充或调整图层"按钮 ，选择"色彩平衡"命令，创建出"色彩平衡1"调整图层，设置参数调整颜色。

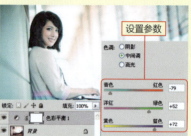

❸ 单击自定形状工具 ，在属性栏中单击"形状图层"按钮 ，选择形状样式为"八分音符"，设置前景色为蓝色（R145、G223、B229），绘制形状并复制图层，为图像添加图形效果。

选择该形状样式

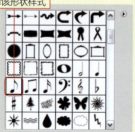

❹ 单击横排文字工具 ，在"字符"面板中设置文字格式，并设置文字颜色为与形状图层相同的蓝色，然后在图像中输入文字，为图像添加文字效果。

专题2 管理图层

　　要在Photoshop中对创建的各类图层进行管理，可以通过图层组来完成，使用图层组能快速将各种图层进行分门别类收纳，以便让"图层"面板更简洁，辅助理清思路。

01 创建图层组

　　创建图层组的方法与创建图层的方法类似，只需在"图层"面板中单击底部的"创建新组"按钮 ，即可创建新的图层组。默认以"组1"自动命名。创建图层组后，此时可单击选择其他图层，并将其拖动到图层组图标 上，当出现黑色双线时释放鼠标，即可将图层移入图层组中。单击图层组前的按钮 ，当按钮呈 状态时即可查看图层组中包含的图层，再次单击该按钮即可将图层组收起。

新建图层组

将图层移动到到图层组中

收起图层组

02 取消图层的编组

　　创建图层组后也可取消其编组，方法是在"图层"面板中选择图层组，单击"图层"面板底部的"删除图层"按钮 ，此时弹出提示对话框，若单击"组和内容"按钮，则在删除组的同时还将删除组内的图层；若单击"仅组"按钮，将只删除图层组，并不删除组内的图层。

提示对话框

03 合并图层和图层组

　　合并图层和合并图层组在整体概念上比较类似，只是针对对象有所不同。

1. 合并图层

　　合并图层就是将两个或多个图层中的图像合并到一个图层上。其方法是按住Ctrl键的同时单击选择需要合并的图层，然后按下快捷键Ctrl+E，即可将所有图层合并为一个图层。

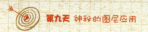

2. 合并图层组

合并图层组是将一个图层组中的所有图层合并为一个图层，此时可在需要进行合并的图层组上单击鼠标右键，在弹出快捷菜单中选择"合并组"命令即可完成操作。

单击选择图层组

合并后的图层组

学习感悟：合并可见图层

哇哈哈！Photoshop中的合并可见图层是指将图层中可见的图层合并到一个图层中，隐藏的图层则不变，执行"图层>合并可见图层"命令或按下快捷键Shift+Ctrl+E即可，**你学会了吗？**

04 盖印图层

盖印图层功能与合并图层类似。不同的是，盖印图层是将之前对图像进行处理后的效果以图层的形式复制在了一个图层上，而盖印后原有的图层保持不变。

盖印图层在CS5的图层属性中没有显示，但是可以通过快捷键来实现。盖印图层的方法是，在"图层"面板中单击选择位于最顶层的图层，按下快捷键Ctrl+ Shift+Alt+E盖印所有图层，此时在"图层"面板最顶部会自动生成一个盖印图层，盖印后的图层名称将顺延图层中的名称数字。

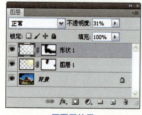

原图层效果

盖印后的图层

学习感悟：盖印可见图层

盖印可见图层是将图层中没有隐藏的图层的内容合并并复制为一个图层，而隐藏的图层上的图像内容则不会被合并，**一定要记住哦！**

专题3 图层的编辑操作

Photoshop 中图层的编辑操作包括图层的对齐、分布、链接、锁定等，掌握这些操作能在一定程度上帮助用户调整图层上的图像。

01 对齐图层

对齐图层是指将两个或多个图层按照一定的规律进行对齐操作。在"图层"面板中选择两个或多个图层，执行"图层>对齐"命令，在弹出的级联菜单中有顶边、垂直居中、底边、左边、水平居中、右边六个命令可供选择，选择相应命令即可快速执行相应的对齐操作。也可选择多个图层后单击移动工具，在移动工具属性栏中提供了一组对齐按钮，功能从左到右依次为顶对齐、垂直居中对齐、底对齐、左对齐、水平居中对齐和右对齐，此时单击相应的按钮即可快速对其图层。

原图像效果

同时选择多个图层

对齐后的图像

底边对齐后的图像效果

02 分布图层

分布图层是指将3个以上的图层按一定规律在图像窗口中进行排列。在"图层"面板中选择图层后，执行"图层>分布"命令，在弹出的级联菜单中有顶边、垂直居中、底边、左边、水平居中、右边六个命令可供选择，选择相应的命令即可快速执行相应的分布操作。

与对齐图层类似，在移动工具的属性栏中也有一组分布按钮，功能从左到右依次为按顶分布、垂直居中分布、按底分布、按左分布、水平居中分布和按右分布，选择多个图层后选择移动工具，再单击相应的按钮即可快速执行相应的分布操作。

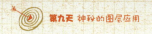
03 链接图层

图层的链接是指将多个图层链接在一起，链接后的图层可同时进行移动、变换和复制操作。链接图层的方法是，在"图层"面板中按住Ctrl的同时选择两个或多个图层，单击面板底部的"链接图层"按钮 即可链接图层。若想取消链接，可以选择已经链接的图层，再次单击"链接图层"按钮 ，即可取消全部链接。若此时只需取消其中部分图层的连接状态，可只需选择要取消链接的图层，单击"链接图层"按钮 ，即可取消该图层的链接状态，并且其他链接图层保持不变。

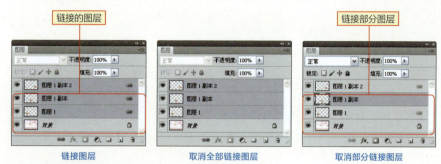

链接图层　　　　　　　　取消全部链接图层　　　　　　取消部分链接图层

04 锁定图层内容

为了防止对图层进行错误操作，还可以将图层锁定。Photoshop提供了锁定透明像素、锁定图像像素、锁定位置和锁定全部四种锁定方式，只需选择相应的图层后在"图层"面板中单击相应的锁定按钮即可。

1. 锁定透明像素

单击"锁定透明像素"按钮 后，即锁定图像的透明像素，此时将不能对该锁定图层的透明区域进行编辑处理，只对有像素区域起作用。

2. 锁定图像像素

单击"锁定图像像素"按钮 后，即锁定该图层中的图像像素，将不能对图像的像素进行编辑，而只能对图像作移动处理。

3. 锁定位置

单击"锁定位置"按钮 后，将不能移动图像的位置，但可对其像素进行处理。

4. 锁定全部

单击"锁定全部"按钮 后即锁定图像，此时无法对图像执行任何操作。

学习感悟： 快速重命名图层

在Photoshop中重命名图层比较简单，在需要重命名的图层名称上双击鼠标，此时即可输入新的图层名称，按Enter键确认后即可重命名该图层，**很神奇吧！**

 今日作业

1. 选择题

（1）在Photoshop中要选择相连的多个图层，可按住（　　）键的同时选择第一个和最后一个图层。

　　A．Ctrl　　　　　　　　　　B．Shift + Alt

　　C．Alt　　　　　　　　　　 D．Shift

（2）要在Photoshop中将"图层"面板中所有的内容拼合到一个图层上，可采用盖印图层的方法，此时可按下快捷键（　　）来进行。

　　A．Ctrl+Shift+E　　　　　　B．Ctrl+Shift+Alt+E

　　C．Ctrl+Alt+E　　　　　　　D．Shift+Alt+E

2. 填空题

（1）Photoshop中图层分很多种类，包括＿＿＿＿＿＿＿、＿＿＿＿＿＿＿、＿＿＿＿＿＿＿、＿＿＿＿＿＿＿和＿＿＿＿＿＿＿。

（2）在Photoshop中，可按住＿＿＿＿＿＿＿键的同时单击需要选择的图层，即可同时选择非连续的多个图层。

（3）合并图层可通过按下快捷键＿＿＿＿＿＿＿来进行，同时还可分为＿＿＿＿＿＿＿和＿＿＿＿＿＿＿两种情况。

3. 上机操作：对齐和分布图层

　　打开一个有多个图层的图像文件，按住Ctrl键的同时选择多个图层，单击移动工具，在其属性栏中单击"底对齐"按钮▣对齐图层，并单击"水平居中分布"按钮▥分布图层。

1. 打开图像文件

2. 选择多个图层

3. 对齐和分布后的图像效果

答案

1. 选择题　　　（1）D　　　　（2）B

2. 填空题　　　（1）背景图层　普通图层　文字图层
　　　　　　　　　　　形状图层　调整图层
　　　　　　　　（2）Ctrl　　（3）Ctrl+E　合并图层　合并可见图层

图层的高级应用

天气情况 ※※※※※

努力指数 ★★★

完成指数 ♡♡♡♡

第10天

漫画：

图层混合模式和
图层样式的应用

专题1 强大的图层混合模式

Photoshop 中的图层混合模式是指当前所选择图层中的图像像素与下方图层中的图像像素进行混合的方式，除默认的"正常"模式外，软件还提供了溶解、变暗、正片叠底、颜色加深、线性加深、深色、变亮、滤色、颜色减淡、线性减淡、浅色、叠加、柔光、强光、亮光、线性光、点光、实色混合、差值、排除、减去、划分、色相、饱和度、颜色和明度26种混合模式，选择不同的混合模式，能让图像通过混合呈现出不同的视觉效果。

这里将软件提供的26种图层混合模式分为减淡型、加深型、光线型、比较型和色彩型5种类型分别进行讲解，以便帮助用户充分掌握这些混合模式的适用环境。

01 减淡型混合模式

减淡型混合模式包括"变亮"、"滤色"、"颜色减淡"、"线性减淡（添加）"和"浅色"5种，可直接在"图层"面板中的"混合模式"下拉列表中选择应用。

1. 变亮

该模式的原理是在查看通道颜色信息的同时，选择基色与混合色中较亮的像素作为结果色，混合颜色后替换比混合色暗的像素，并保持比混合色亮的像素不变。

2. 滤色

该模式的原理是通过查看通道颜色信息，根据其中每个通道中的颜色信息将混合色的互补色与基色复合。结果色总是较亮的颜色，用黑色过滤时颜色保持不变。

3. 颜色减淡

该模式的原理是根据图像每个通道中的颜色信息，并通过减小对比度使基色变亮以反映混合色，与黑色混合则不发生变化。

4. 线性减淡

该模式的原理是根据图像每个通道中的颜色信息，通过增加亮度使基色变亮以反映混合色，与黑色混合则不发生变化。

5. 浅色

该模式的原理是比较混合色和基色的所有通道值的总和并显示较大的颜色。该模式下不会发生第三种颜色，因为它将从基色和混合色中选择最大的通道值来创建结果色。

底层图像效果（基色）

上层图层效果（混合色）

应用"滤色"混合模式后的效果

修复曝光不足的照片图像

视频文件：修复曝光不足的照片图像.swf　最终文件：第10天\Complete\01.psd

❶ 打开本书配套光盘中第10天\Media\ 01.jpg图像文件。

❷ 按下快捷键Ctrl+J复制得到"图层 1"，在"图层"面板的"混合模式" 下拉列表中选择"滤色"，设置"图层 1"混合模式。

❸ 继续复制图层得到"图层1 副本"图层，此时图层混合模式同时被复制。设置 该图层"不透明度"为50%，调整图像的亮度以修复曝光不足的图像。

❹ 在"图层"面板底部单击"创建新的填充或调整图层"按钮 ，在弹出的菜 单中选择"可选颜色"选项，为图像添加一个"选取颜色1"调整图层，在其"调 整"面板中选择颜色为"蓝色"，并拖动滑块调整参数，适当调整图像中蓝色区 域的颜色效果。然后在"图层"面板中设置该调整图层的"不透明度"为80%， 适当调整图像效果。

02 加深型混合模式

加深型混合模式包括"变暗"、"正片叠底"、"颜色加深"、"线性加深"和"深色"5种，其中较为常用的是"正片叠底"和"线性加深"。

1. 正片叠底

该模式的原理是，根据每个通道中的颜色信息将基色与混合色复合，从而产生较暗的颜色。当混合色为黑色时，则混合后的颜色为黑色；当混合色为白色时，则混合后的像素不变。

2. 线性加深

该模式的原理是根据通道颜色信息，通过减小亮度使基色变暗以反映混合色，当混合色为白色时，混合后的像素保持不变。

原图 应用"线性加深"模式与原图像混合

03 光线型混合模式

光线型混合模式包括"叠加"、"柔光"、"强光"、"亮光"、"线性光"、"点光"和"实色混合"7种，其中较为常用的是"叠加"和"柔光"。

1. 叠加

该模式的原理是，在图像中通过正片叠底或过滤颜色的方式来调整图像明暗度，而调亮或调暗图像则由图像的基色来决定。

2. 柔光

该模式的原理是使混合后的颜色调整图像的明暗，而调亮或调暗图像由混合色决定。若混合色比50%的灰色亮，则混合后的颜色变亮。

原图 应用"柔光"混合模式与原图像混合

04 比较型混合模式

比较型混合模式包括"差值"、"排除"、"减去"和"划分"4种，应用这类混合模式混合图像颜色，可获取具有较强风格的色调效果。

"差值"混合模式是通过从基色中减去混合色或从混合色中减去基色的方式来调整图像的特殊色调；"排除"混合模式是通过创建一种与"差值"模式相似但对比度更低的色调效果。"减去"模式和"划分"模式是CS5版本中新增的混合模式，其原理是查看每个通道中的颜色信息，并从基色中减去混合色，在 8 位和 16 位图像中，任何生成的负片值都会剪切为零，而"划分"模式的原理则是通过查看每个通道中的颜色信息，并从基色中分割混合色。

原图

应用"排除"混合模式与原图像混合

05 色彩型混合模式

色彩型混合模式包括"色相"、"饱和度"、"颜色"和"明度"4种，应用这类混合模式能调整图像的颜色效果。"色相"模式是通过运用基色的明度及饱和度与混合色的色相创建结果色；"饱和度"模式运用基色的明度及色相与混合色的饱和度创建结果色；"颜色"混合模式是通过运用基色的明度和混合色的色相及饱和度创建结果色；"明度"模式则是运用基色的色相及饱和度与混合色的明度创建结果色。

底层图像效果（基色）

上层图层效果（混合色）

应用"颜色"混合模式后的效果

专题2 图层样式直接影响图层效果

Photoshop中图层样式直接影响着图层上图像的效果，为图层添加相应的图层样式能为图层上的图像添加投影、内阴影、外发光、内发光、斜面和浮雕、光泽、颜色叠加、渐变叠加、图案叠加和描边10种不同的效果。

01 设置"投影"图层样式

"投影"图层样式通过模拟物体受光原理，为图像添加投影效果。其操作方法是在"图层"面板中双击图层打开"图层样式"对话框，在其中勾选"投影"复选框并单击该选项，即可在对话框右侧查看到相应的选项面板，在其中可设置投影的颜色、与背景颜色的混合模式以及不透明度效果，以调整投影的基本状态；还可通过设置投影的距离、扩展、大小以及光照方向，让添加的投影效果与原图像更加贴合达到预想的效果。完成设置后单击"确定"按钮即可添加投影效果。此时在"图层"面板中该图层的下方将显示出所添加的图层样式。

原图

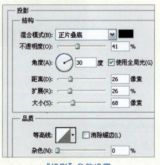
"投影"参数设置

添加投影后的效果

提示：通过按钮添加图层样式

在Photoshop中还可通过单击"图层"面板下方的"图层样式"按钮 *fx.*，在弹出的菜单中选择"投影"选择，同样可弹出"图层样式"对话框为图层添加"投影"样式哦！

02 设置"内阴影"图层样式

"投影"图层样式是在图像的外部添加阴影效果，而"内阴影"图层样式则是为图层中的图像添加内部阴影的特殊效果，这两者在设置方法上基本相同。

在"内阴影"选项面板中可通过设置图层图像的内阴影混合模式、透明度以及阴影的颜色、角度、距离、大小等选项来对内阴影效果进行调整。此时需要注意的是，若要调整内应的光照角度，则同时会调整"投影"图层样式中的光照角度设置。

原图   "内阴影"参数设置选项   添加内阴影后的效果

03 设置"外发光"和"内发光"图层样式

　　"外发光"图层样式用于为图层图像边缘添加外部发光效果。与"阴影"图层样式不同，该图层样式在混合模式上默认为"滤色"，以便调亮图像边缘的发光颜色，同时还可通过设置图像边缘发光图素的扩展、大小以及发光颜色等选项，来调整图像发光效果。

原图   "外发光"参数设置   添加外发光后的效果

　　与"外发光"图层样式相反，"内发光"图层样式用于为图像内部添加发光效果，两者最大的区别在于添加发光效果的方向不同。在"图层样式"对话框中可看到，"结构"选项组中的选项基本相同，不同的是在"内发光"选项面板的"图素"选项组中添加了设置发光像素位置的选项，通过设置该参数可决定发光图像是以其中心点向外蔓延还是从边缘区域向内蔓延。

原图

添加"边缘"内发光效果   添加"居中"内发光效果

215

04 设置"斜面和浮雕"图层样式

　　"斜面和浮雕"图层样式用于为图像添加指定样式的斜面或浮雕效果。通过应用"内斜面"、"外斜面"、"浮雕效果"、"枕状浮雕"或"描边浮雕"不同的样式，可调整浮雕的相对位置，从而设置浮雕效果；同时还可设置浮雕的深度、方向、大小等参数以调整浮雕细节，或通过设置浮雕"阴影"选项组中的相关选项，以调整浮雕产生的阴影效果。

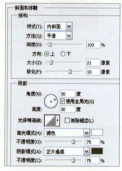

"斜面和浮雕"选项面板

原图

为文字图层添加斜面和浮雕效果

应用"枕状浮雕"样式的文字效果

应用"浮雕效果"样式的文字效果

应用"外斜面"样式的文字效果

05 设置"光泽"图层样式

"光泽"图层样式为图像添加较为光滑的具有光泽的内部阴影。该图层样式与图层中图像的轮廓有关，对不同轮廓的图像应用同一参数设置的光泽效果，将获取不一样的图像效果。应用"光泽"图层样式，同样可设置其光泽阴影的颜色、混合模式和不透明度效果以及光照角度、阴影偏移距离和大小等参数，以得到不同的光泽效果。

原图　　　　　　　　　　　　　　　　　　添加光泽后的效果

06 设置"颜色叠加"图层样式

"颜色叠加"图层样式可为图层图像添加颜色叠加的效果。应用该图层样式可设置叠加的颜色及其混合模式和不透明度，从而调整图像的颜色效果。

原图　　　　　　　　　　　　　　　　　　添加颜色叠加后的效果

学习感悟： 快速理解"等高线"和"纹理"复选框的功用

在"图层样式"对话框中勾选"等高线"复选框，切换到该选项面板中，此时可设置在浮雕处理效果中被遮住的起伏、凹陷和凸起；勾选"纹理"复选框，切换到相应的选项面板中，可为图像添加指定的纹理并调整纹理的缩放程度和应用强度等。

很神奇吧！

07 设置"渐变叠加"图层样式

　　"渐变叠加"图层样式用于为图层添加渐变颜色的填充效果。应用该图层样式可将渐变颜色叠加到图像中，此时应首先设置渐变颜色，单击"点按可打开'渐变编辑器'"按钮打开"渐变编辑器"对话框，在其中设置渐变样式或自定义渐变颜色，然后可结合混合模式、不透明度、样式、角度以及缩放等选项的设置，为图像添加丰富的渐变填充效果。

原图

"渐变叠加"图层样式的设置选项

为图像的背景添加渐变叠加后的效果

08 设置"图案叠加"图层样式

　　"图案叠加"图层样式用于为图层添加指定图案的填充效果。可通过设置叠加图案的混合模式、不透明度和缩放等属性调整填充效果，同时还可选择不同的图案进行填充。默认情况下只有两种图案仅供选择，此时可参考油漆桶工具的使用方法，对填充的图案样式进行追加，以显示出更多的图案样式，让叠加效果更丰富，选择性更强。

原图

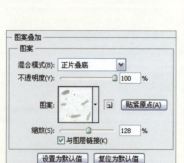

"图案叠加"图层样式的设置选项

为白色墙体添加图案叠加后的效果

09 设置"描边"图层样式

"描边"图层样式用于为图层中有像素区域的图像边缘轮廓添加描边效果。应用该图层样式可通过指定填充类型为颜色、渐变或图案等来调整描边样式，同时也可设置描边的位置为外部、内部或是居中，还可通过调整描边大小来调整描边图像的粗细程度，从而获得不同程度的描边效果。

原图

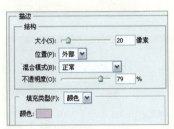

"描边"图层样式的设置选项

为贝壳添加颜色描边后的效果

10 设置"混合选项"

混合选项用于对图像混合的参数进行一些较为高级而细致地调整。执行"图层>图层样式>混合选项"命令，即可弹出相应的对话框，在其中对相应的选项进行设置。

❶ **"常规混合"选项组：**在该选项组中可设置"混合模式"和"不透明度"选项，此设置同步于"图层"面板的设置。

❷ **"填充不透明度"选项：**此设置数值同步于"图层"面板中设置的填充数值。

❸ **"通道"选项：**勾选相应通道复选框后即可对指定的通道应用混合效果。

❹ **"挖空"选项组：**在该选项组中可设置穿透某图层以显示下一图层的图像。

❺ **"混合颜色带"选项组：**该选项下拉列表中包含4个颜色通道选项，拖动滑块即可调整相应通道的图层混合效果。

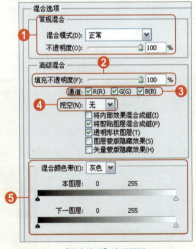

"混合选项"选项面板

动动手 为图像添加个性文字

 视频文件：为图像添加个性文字.swf   最终文件：第10天\Complete\02.psd

❶ 打开本书配套光盘中第10天\ Media\02.jpg图像文件。

❷ 选择横排文字工具 T，设置文字格式并调整颜色为（R252、G249、B235），并输入文字。

❸ 双击其中一个文字图层打开"图层样式"对话框，为该文字图层添加"投影"、"外发光"、"斜面和浮雕"图层样式，并适当调整相应参数，为文字制作个性的效果。

❹ 为另一个文字图层添加相同的图层样式，并分别调整"混合颜色带"和"填充值"以调整文字效果，使文字呈现挖空的状态，模拟出透明发光字体效果。

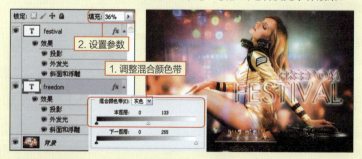

专题3 灵活编辑图层样式

在为图层添加相应的图层样式后，若要反复地调整或编辑图层样式效果，可通过一系列的操作来进行，如折叠和展开图层样式、隐藏或显示图层样式、拷贝并粘贴图层样式，以及清除图层样式等。

01 折叠和展开图层样式

为图层添加图层样式后，在"图层"面板中该图层右侧会显示"指示图层效果"图标 fx 。当图标中的三角形按钮呈 形状时，图层样式折叠到一起，此时单击该按钮即可展开图层样式，在"图层"面板中可清晰地看到添加的图层样式，再次单击可折叠图层样式。

02 隐藏和显示图层样式

将为图层添加的图层样式展开后，还可对添加的图层样式进行隐藏或显示操作。隐藏图层样式有两种形式：一是隐藏添加的全部图层样式，此时只需执行"图层>图层样式>隐藏所有效果"命令即可；二是隐藏当前图层的图层样式，单击当前图层中已添加的图层样式前的"指示图层效果" 图标，即可将当前层的图层样式隐藏。也可以单击其中某一种图层样式前的"指示图层效果" 图标，只隐藏该图层样式。再次单击"指示图层效果"图标即 可重新显示。

添加的图层样式

图像效果

隐藏部分图层样式

图像效果

03 拷贝和粘贴图层样式

拷贝和粘贴图层样式可通过执行相关命令来进行，具体操作方法是选择已添加图层样式的图层，执行"图层>图层样式>拷贝图层样式"命令复制该图层样式，然后单击选择另一个图层，执行"图层>图层样式>粘贴图层样式"命令，即可完成粘贴操作。也可以通过在"图层"面板中单击右上角的扩展按钮 ，在弹出的扩展菜单中选择"拷贝图层样式"或"粘贴图层样式"选项来进行相关操作。

拷贝"图层 1"的图层样式

粘贴"图层 1"的图层样式至"图层 2"中

学习感悟： 快速拷贝粘贴图层样式有妙招

哇哈哈！通过命令的方式进行拷贝和粘贴图层样式在操作上有点慢，此时可在按住Alt的同时将复制图层样式的图层上的"图层效果图标" fx 拖曳到需要粘贴的图层上，松开鼠标左键即可复制图层样式到该图层，你学会了吗？

04 清除图层样式

添加图层样式后还可对添加的图层样式进行清除。清除图层样式有两种形式：一是清除当前图层中所运用的所有图层样式。其方法是将要清除图层样式的图层上的"指示图层效果"图标 fx 拖曳到"删除图层"按钮 上，即可删除全部图层样式。另一种是删除同一图层中的部分图层样式。其方法是首先展开图层样式，单击选择其中一种图层样式，将其拖曳到"删除图层"按钮 上，即可删除该图层样式及其带来的效果，而其他图层样式依然保留，相应的效果也保持不变。

拖动图层样式将其删除

今日作业

1. 选择题

（1）应用"斜面和浮雕"图层样式时，在其选项面板中通过设置不同的样式即可调整其效果，软件提供了（　）种样式以供选择使用。

　　A. 5　　　　　　　B. 4　　　　　　　C. 6　　　　　　　D. 3

（2）Photoshop中的"颜色"图层混合模式属于（　）类图层混合模式。

　　A. 减淡型　　　　　B. 加深型　　　　　C. 色彩型　　　　　D. 光线型

2. 填空题

（1）为了能对Photoshop提供的图层混合模式充分的掌握，这里将其分为

＿＿＿＿＿＿＿＿、＿＿＿＿＿＿＿＿、＿＿＿＿＿＿＿＿、

和＿＿＿＿＿＿＿＿类型，以便进行理解。

（2）在Photoshop中，可通过运用＿＿＿＿＿＿＿＿图层混合模式来修复图像的曝光不足现象。

（3）Photoshop提供的图层样式有＿＿＿＿＿＿＿＿、＿＿＿＿＿＿＿＿、

＿＿＿＿＿＿＿＿、＿＿＿＿＿＿＿＿、＿＿＿＿＿＿＿＿、

＿＿＿＿＿＿＿＿、＿＿＿＿＿＿＿＿和＿＿＿＿＿＿＿＿。

3. 上机操作：修复曝光过度的图像

　　打开图像后按下快捷键Ctrl+J复制出"图层1"，并在"图层"面板中设置"图层1"的混合模式为"正片叠底"，加强图像效果。

1. 打开图像　　　　　　2. 设置混合模式　　　　　　3. 调整后的效果

答案

1. 选择题　　（1）A　　　　（2）C

2. 填空题　　（1）减淡型　加深型　光线型　比较型　色彩型

　　　　　　　　（2）滤色　（3）投影　内阴影　外发光　内发光　斜面　浮雕

　　　　　　　　　　光泽　颜色叠加　渐变叠加　图案叠加描边

蒙版与通道的高级结合

天气情况 ☀☀☀☀☀

努力指数 ★★★★

心情指数 ♡♡♡

第11天

漫画：

蒙版和通道的应用

专题 1 认识蒙版

Photoshop中的蒙版是用于创建图像遮罩效果的一项重要功能，有着较强的操作性和应用性，可以这样理解，蒙版就像是覆盖在图层上的一层比较特殊的玻璃，在白色玻璃下的图像被完全保留，黑色玻璃下的图像不可见，灰色玻璃下的图像则呈半透明效果。下面就来对蒙版的分类和一些基本操作进行介绍。

01 蒙版的分类

按蒙版的功能可将蒙版分为图层蒙版、快速蒙版、矢量蒙版和剪贴蒙版4类，下面分别进行介绍。

1. 图层蒙版

图层蒙版依附于图层而存在的，使用图层蒙版，结合选区和画笔工具的使用，能在很大程度上方便图像的编辑操作。添加图层蒙版的方法是，打开图像后直接单击"图层"面板底部的"添加图层蒙版"按钮，即可为该图层创建一个图层蒙版。此时在"图层"面板中可以看到，该图层显示出图层缩览图和图层蒙版缩览图。也可在图像中创建选区后，单击"添加图层蒙版"按钮，此时选区内的图像被保留显示出来，选区外的图像被隐藏。

原图

创建并羽化选区

添加图层蒙版后的效果

提示：快速理解蒙版的黑与白

在Photoshop中为图层添加图层蒙版后，默认情况下添加的图层蒙版缩览图显示为白色，表示图像全部显示出来。若在图像中创建了选区，此时添加图层蒙版后，选区中的图像在蒙版缩览图中呈白色显示，表示显示出来，而选区外的图像被隐藏，在蒙版缩览图中该区域显示为黑色哦！

2.快速蒙版

快速蒙版是一种临时性的蒙版，类似于在图像表面产生一种与保护膜类似的保护装置，常用于帮助用户快速得到精确的选区。

创建快速蒙版的方法是，打开图像后单击工具箱底部的"以快速蒙版编辑"按钮 ▣，进入快速蒙版编辑状态，结合画笔工具，在图像中需要保护的区域涂抹，此时可看到，涂抹的区域呈半透明红色显示，单击"以标准模式编辑"按钮 ▣ 退出快速蒙版编辑状态，从而得到保护区域外的选区效果。

快速蒙版状态下涂抹图像　　　　　　　　　得到的选区效果

3.矢量蒙版

矢量蒙版的本质是使用路径作为遮挡图像的蒙版，路径覆盖的图像区域被隐藏不显示，而只显示出无路径覆盖的图像区域，此时得到的图像边缘比较清晰。

矢量蒙版可以通过使用形状工具在绘制形状的同时创建，也可以通过路径来创建。选择自定形状工具 ✎，在属性栏中单击"形状图层"按钮 ▢，设置形状后在图像中绘制形状图层，打开"路径"面板可以看到，此时创建的形状图层即是一个带有矢量蒙版的图层。或是打开图像后，选择钢笔工具 ✎ 在图像中绘制出路径，执行"图层>矢量蒙版>当前路径"命令，此时在"图层"面板中可以看到，为该图层创建了矢量蒙版，同时在图像中可以看到路径覆盖区域的图像被保留显示出来，而背景区域则被隐藏。

绘制的路径　　　　　　　　　　　创建矢量蒙版后的效果

4. 剪贴蒙版

剪贴蒙版的原理是使用处于下方图层的形状来限制上方图层的显示状态。剪贴蒙版由两部分组成，一部分为基层，即基础层，用于定义显示图像的范围或形状；另一部分为内容层，用于存放将要表现的图像内容。

使用剪贴蒙版能在不影响原图像的同时有效地完成剪贴制作，能快速更换图像区域内容，其方法是，打开图像后结合选区工具，将区域图像单独放置在一个图层上，作为基层。然后再打开一幅图像，并将移动到上一图像窗口中置于基层上方，作为内容层，此时按下快捷键Ctrl+Alt+G，即可创建剪贴蒙版，将图像剪贴入画框。

绘制选区指定区域　　　　　　　　　　创建剪贴蒙版后的效果

学习感悟： 剪贴蒙版的另一种创建方法

哇哈哈！要创建剪贴蒙版还可以在"图层"面板中按住Alt键的同时将光标移至两图层间的分隔线上，当其变为 形状时单击，即可快速创建剪贴蒙版。**你学会了吗？**

02 蒙版的基本操作

蒙版的基本操作包括创建、停用和启用、移动和复制、删除、应用、链接等，其中蒙版的创建操作因蒙版类型的不同而有所不同，在前面已作介绍，这里主要讲述其他操作。

1. 停用和启用蒙版

停用蒙版和启用蒙版能帮助用户对图像的编辑效果进行查看。执行"图层>图层蒙版>停用"命令或按住Shift键的同时单击图层蒙版缩览图，可暂时停用图层蒙版的屏蔽功能，此时图层蒙版缩览图上会出现一个红色的×标记。若要重新启用图层蒙版的屏蔽功能，只需再次按住Shift键的同时单击图层蒙版缩览图即可。

隐藏图层蒙版　　　　　　　　　　　　启动图层蒙版

2. 移动和复制蒙版

蒙版和图层样式一样，都是可以进行移动和复制的，其方法是在"图层"面板中选择添加了图层蒙版的图层，使用移动工具将其蒙版缩览图拖曳到其他图层上，即可移动图层蒙版。若在按住Alt键的同时拖曳图层蒙版缩览图到另一个图层上，则可复制相同的图层蒙版至该图层。

3. 删除蒙版

要删除图层蒙版，可执行"图层>图层蒙版>删除"命令；或右键单击图层蒙版缩览图，在弹出的快捷菜单中选择"删除图层蒙版"命令，以删除指定的图层蒙版；还可以拖曳蒙版缩览图到"删除图层"按钮 📑 上，释放鼠标左键后在弹出的对话框中单击"删除"按钮删除蒙版。

4. 应用蒙版

应用图层蒙版是指将蒙版中黑色区域对应的图像删除，白色区域对应的图像保留，灰色过渡区域对应的图像部分像素被删除，以合成为一个图层，其功能类似于合并图层。应用图层蒙版的方法为在图层蒙版缩览图上单击鼠标右键，在弹出的快捷菜单中选择"应用图层蒙版"命令即可。

使用应用命令

应用蒙版后的效果

5. 蒙版的链接

不论创建的是图层蒙版还是矢量蒙版，在"图层"面板中都可以看到图层缩览图和图层蒙版缩览图之间有一个"指示图层蒙版链接到图层"图标 🔗，单击该图标即可取消图层与图层蒙版之间的链接，此时可以使用移动工具移动图像，而蒙版则不会跟随移动，所有显示在图像中的效果也会随之发生相应的变化。在进行调整后若要再次将蒙版与图像进行链接，单击"图层"面板底部的链接按钮即可。

链接的图层与蒙版

取消链接的图层与蒙版

取消链接后移动图像后的效果

专题2 图像抠取与合成

在图像合成的制作上，蒙版起到了很大的作用。使用蒙版调整图像效果时，可以结合"色彩范围"命令创建选区对图层进行抠图与合成，也可结合画笔工具、橡皮擦工具等工具对蒙版进行编辑以使抠取或合成图像更细致，同时还可结合"调整边缘"命令来调整蒙版效果。

01 使用"色彩范围"命令抠取图像

"色彩范围"命令的原理是根据色彩范围创建出相应的选区，用于对选区进行快速选择和编辑，同时可结合蒙版来进行图像的抠取或合成操作。执行"选择>色彩范围"命令，打开"色彩范围"对话框，在其中可根据需要调整参数，完成后单击"确定"按钮即可创建选区。

"色彩范围"对话框

❶ **"选择"下拉列表**：在其中可选择预设颜色，即对图像相应颜色进行指定。

❷ **"颜色容差"选项**：在其中可直接输入相应的数值，设置颜色容差效果，数值越大选择颜色的范围越大；数值越小选择颜色的范围就越小，也可通过拖动下方的滑块来调整容差值。

❸ **预览窗口**：用于显示图像或选取的范围。选中"选择范围"单选按钮，预览区中的白色表示被选择的区域，黑色表示未被选择的区域；选中"图像"单选按钮则在预览区中显示原图像效果。

❹ **取样工具组** ：使用吸管工具单击图像，可取样单击处的颜色；使用添加到取样工具单击图像指定区域，可添加取样颜色；使用从取样中减去工具单击图像指定区域，则可减去取样区域的颜色。

❺ **"选区预览"下拉列表**：用于设置预览选择范围的方式，在其中包括了"无"、"灰度"、"黑色杂边"、"白色杂边"以及"快速蒙版"5种预览方式，单击选择相应的选项即可进行使用。

学习感悟：色彩范围应用技巧

使用色彩范围命令创建图像选区时，在弹出的对话框中勾选"本地化颜色簇"复选框，使用吸管工具吸取颜色后，将会启用"范围"选项，可以对吸取颜色的范围参数进行设置，调整选区创建的区域大小，一定要记住哦！

合成奇异风景效果

 视频文件：合成奇异风景效果.swf　　最终文件：第11天\Complete\02.psd

❶ 打开本书配套光盘中第11天\Media\01.jpg图像文件。

❷ 执行"选择>色彩范围"命令，在打开的对话框中设置参数并取样颜色，创建出蓝色的背景选区，反选选区后复制得到"图层1"，隐藏背景图层后查看图效果。

❸ 打开本书配套光盘中第11天\Media\02.jpg图像文件。

❹ 将01.jpg图像中"图层1"图像移动到02.jpg图像文件中，调整图像大小和位置，并复制出多个副本图层，制作出多个滑翔伞的效果。

❺ 为图像添加一个"曲线1"调整图层，分别调整RGB通道和"蓝"通道的曲线效果，整体调整图像色调，赋予图像奇异的视觉效果。

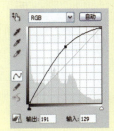

02 使用"调整边缘"命令抠取图像

在Photoshop CS5中，还可结合"调整边缘"命令抠取图像，该命令是CS5版本的新增功能，使用该命令可对选区边缘进行细微的调整，多用于针对细致毛发的图像抠图操作中。"调整边缘"命令的使用方法是，在图像中创建出相应的选区后，执行"选择>调整边缘"命令，可打开"调整边缘"对话框，下面对该对话框中的选项进行介绍。

❶ "显示半径"复选框：勾选该复选框可在图像中显示按半径定义的调整区域。

❷ "显示原稿"复选框：勾选该复选框可在图像中查看原始选区。

❸ "智能半径"复选框：勾选该复选框可使半径自动适合图像边缘。

❹ "调整边缘"选项组：其中包含了平滑、羽化、对比度和移动边缘4个选项，拖动滑块即可调整相应参数，以便对图像边缘的模糊感及颜色深浅进行设置。

❺ "净化颜色"复选框：勾选该复选框后，软件自定移去图像的彩色边缘。

❻ "输出到"下拉列表：在其中可设置输出后的调整边缘样式，可以是图层格式，也可以是带有图层蒙版的图层。

❼ "记住设置"复选框：勾选复选框后，在"调整边缘"和"调整蒙版"中始终使用这些设置。

❽ 调整半径工具：单击该工具后在图像中显示出圆形十字光标，在图像边缘单击并拖曳鼠标，即可在一定程度上扩展检测区域，从而让选区与外界过渡更为自然。

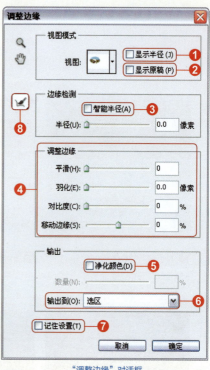

"调整边缘"对话框

学习感悟：快速区分"调整边缘"和"调整蒙版"命令

在图像中绘制选区后执行"选择>调整边缘"命令，打开"调整边缘"对话框，进行设置后单击"确定"按钮即可调整选区效果。而当在图层上添加图层蒙版后，"选择"菜单中的"调整边缘"命令自动变换为"调整蒙版"命令，在弹出的相应面板中进行设置后，得到的则是编辑蒙版后的图像效果，**一定要记住哦！**

动动手 抠取宠物图像

 视频文件：抠取宠物图像.swf　最终文件：第11天\Complete\03.psd和04.psd

❶ 打开本书配套光盘中第11天\Media\ 03.png图像文件，选择磁性套索工具 ，沿着动物图像边缘绘制选区。

❷ 在"图层"面板底部单击"创建图层蒙版"按钮 ，为图层添加蒙版隐藏部分图像。

❸ 执行"选择>调整蒙版"命令打开"调整蒙版"对话框，在其中拖动滑块设置各选项的参数，完成后单击对话框左侧的调整半径工具 ，在图像中显示出圆形十字光标，在动物边缘单击并拖曳鼠标扩展检测区域，让蒙版的调整效果更自然。完成后单击"确定"按钮关闭对话框。此时在图像中可以看到，新建了带有蒙版效果的图层，通过对蒙版的调整，动物的边缘更细致。

❹ 打开本书配套光盘中第11天\Media\ 04.jpg图像文件，将"图层0副本"图层图像拖曳到该图像中，适当调整小狗图像的大小和位置，合成图像效果。

专题3 认识通道

Photoshop中的通道在概念上与图层类似，都是用来存储图像的颜色信息和选区信息的一个版块，不同的是通道采用的是特殊灰度存储图像的各颜色信息，并可存储选区和蒙版，以便对图像进行相应的编辑操作，下面首先来认识一下"通道"面板。

01 "通道"面板

在Photoshop中打开图像后执行"窗口>通道"命令即可打开"通道"面板，其中显示当前图像文件颜色模式下的相应通道，下面对"通道"面板中的各按钮。

❶ **通道缩览图：**用于显示相应颜色模式下的各个颜色通道或灰度通道。

❷ **"指示通道可见性"图标👁：**当图标为👁形状时，图像窗口显示该通道的图像，单击该图标，当其变为▢形状时隐藏该通道的图像，再次单击即可显示出图像。

❸ **"将通道作为选区载入"按钮◯：**单击该按钮可将当前选中的通道快速转化为选区。

❹ **"将选区存储为通道"按钮▢：**单击该按钮可将选区之外的图像转换为蒙版形式，将选区保存在新建的Alpha通道中。

"调整边缘"对话框

❺ **"创建新通道"按钮▢：**单击该按钮可创建一个新的Alpha通道。

❻ **"删除通道"按钮🗑：**单击该按钮可删除当前选中通道。

02 通道的分类

与蒙版相同，通道也可按其功能分为颜色通道、专色通道、Alpha通道和临时通道，下面分别进行详细介绍。

1. 颜色通道

颜色通道是用来描述图像色彩信息的彩色通道，图像的颜色模式则决定了通道的数量，不同的颜色模式下，通道的效果和数量也不相同。每个单独的颜色通道都是一幅灰度图像，仅代表这个颜色的明暗变化。如RGB模式下会显示RGB、红、绿和蓝4个颜色通道；CMYK模式下会显示CMYK、青、洋红、黄和黑5个颜色通道；灰度模式只显示一个灰度颜色通道；Lab模式下会显示Lab、明度、a、b 4个通道。

RGB模式的通道

CMYK模式下的通道

Lab模式下的通道

灰度模式下的通道

2.Alpha 通道

Alpha通道可以通过"通道"面板来创建，新创建的通道默认为Alpha X（X为自然数，按照创建顺序依次排列）。Alpha通道主要用于存储选区，它将选区存储为"通道"面板中可编辑的灰度蒙版。

创建Alpha通道的方法是在图像中使用相应的选区工具创建需要保存的选区，在"通道"面板中单击"将选区存储为通道"按钮 ◯ 即可自动创建出保存了选区信息的Alpha1通道。也可通过单击"创建新通道"按钮 ◻ ，新建Alpha1通道，在图像窗口中填充选区为白色后取消选区，即在Alpha1通道中保存了选区。保存选区后可随时重新载入该选区或将该选区载入到其他图像中。

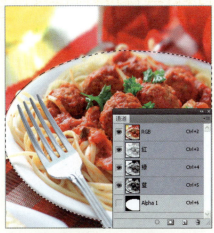

绘制的选区　　　　创建的Alpha1通道

3.专色通道

专色通道是一类较为特殊的通道，它可以使用除青色、洋红、黄色和黑色以外的颜色来绘制图像。它是用特殊的预混油墨来替代或补充印刷色油墨，常用于需要专色印刷的印刷品。需要注意的是，除了默认的颜色通道外，每一个专色通道都有相应的印板，在打印输出一个含有专色通道的图像时，必须先将图像模式转换到多通道模式下。将图像存储为PSD 、TIFF以及DCS2.0 EPS格式时，都可保留专色通道。

要创建专色通道可在"通道"面板中单击右上角的扩展按钮 ，在弹出的扩展菜单中选择"新建专色通道"选项，打开"新建专色通道"对话框，在其中可以设置专色通道的颜色和名称，完成后单击"确定"按钮即可新建专色通道。

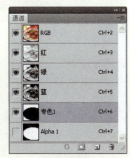

"通道"面板扩展菜单　　　　"新建专色通道"对话框　　　　新建的专色通道

4.临时通道

临时通道是在"通道"面板中暂时存在的通道。临时通道的存在有一定的条件，如为图像添加了图层蒙版或在图像处理操作中进入到快速蒙版编辑状态下时，在"通道"面板中可以看到产生的临时通道。

03 通道的基本操作

在认识了"通道"面板以及通道的分类后，下面主要对通道的基本操作进行了解，这些基本操作包括通道的创建、选择、显示、隐藏、复制、删除以及分离和合并等。

1. 通道的选择

默认状态下选择图像后通道显示为全选状态，要选择指定的通道则单击该通道，选择该通道后，将切换至该通道的灰度图像模式，且隐藏"通道"面板中的其他通道。

2. 通道的显示和隐藏

这里以RGB颜色模式的图像为例进行介绍。若要隐藏图像中的任一通道。可在"通道"面板中直接单击颜色通道左侧的"指示通道可见性"图标 ，即可隐藏该通道，同时复合通道也隐藏，从而使得RGB图像中相应的通道颜色也随之隐藏。

原图

隐藏"绿"通道后的效果

隐藏"蓝"通道后的效果

3. 通道的复制

要复制指定的通道，可在需要复制的通道上单击鼠标右键，在弹出的快捷菜单中选择"复制通道"选项，打开"复制通道"对话框，在其中可新通道的名称进行设置，单击"确定"按钮即可复制通道。也可直接将需要复制的通道拖曳到"创建新通道"按钮 上，释放鼠标左键后即可复制通道，此时复制的通道以"通道名称+副本"的形式命名。

"复制通道"对话框

复制得到的副本通道

4. 通道的删除

删除通道的方法比较简单，可在选中要删除的通道后直接将其拖曳到"删除当前通道"按钮 🗑 上，释放鼠标左键完成操作。

5. 通道的分离和合并

分离通道是将相应颜色模式下的各颜色通道分离为不同的灰度图像文件，如RGB颜色模式下分离通道后，将红、绿和蓝3个通道分离为3个不同灰度效果的灰度图像文件。合并通道是将多个灰度图像文件的通道合并为一个图像，合并通道时，应确保所有需要合并通道的灰度图像文件为打开状态。

分离通道的方法是，打开图像后单击"通道"面板右上角的扩展按钮 ▼ ，在弹出的扩展菜单中选择"分离通道"选项，此时软件自动将图像分离为3个灰度图像，分离后的图像分别以（图像名称+文件格式+R、G、B）的名称格式显示。要合并通道则可在任意一个分离出的通道图像中单击"通道"面板右上角的扩展按钮 ▼ ，在弹出的扩展菜单中选择"合并通道"选项，在弹出的对话框中可选择指定的颜色模式并应用相关设置，合并各通道至某一颜色模式下的图像。也可将RGB颜色模式下的图像通道分离后，再将各通道合并为其他颜色模式下的通道图像。

原图

"通道"面板

分离通道后的图像

专题4 不能忽视的通道

除了通道的一些基本操作外，还可将通道与其他功能命令，如"应用图像"命令、"计算"命令、"调整"命令等结合应用，这是通道高级应用的一种表示，通过这些操作，能让处理后的图像更为精细，以获得全新的效果。

01 使用"应用图像"命令编辑通道

"应用图像"命令可指定单个源，将源中的图层和通道进行计算并得出结果，以应用到当前选择的图像中。该命令通过指定单个源的图层和通道混合方式，也可为该源添加一个蒙版计算方式。应用该命令调整图像，可直接在"通道"面板中选择指定的通道，也可在该命令对话框中选择指定的通道并应用调整，而使用这两种不同的调整方法，即使是选定了同样的通道并应用了同样的属性设置，得到的最终效果也会有所不同。

❶ **"源"选项**：该选项用于设置需要计算并合并应用图像的源。

❷ **"图层"选项**：该选项用于设置需要进行计算的源的图层。若此时是多图层的图像文件，可对图层进行选择。

❸ **"通道"选项**：该选项用于设置需要进行计算的源的通道，根据图像的颜色模式不同，这里显示的通道也有所不同。

❹ **"反相"复选框**：勾选该复选框后，将对混合后的图像色调作反相处理。

❺ **"混合"选项**：该选项用于设置计算图像时应用的混合模式。

❻ **"不透明度"选项**：该选项可设置所应用混合模式的不透明度。

❼ **"蒙版"复选框**：勾选该复选框，将弹出与该选项相应的选项组，可设置将图像应用于蒙版后的图像显示区域。

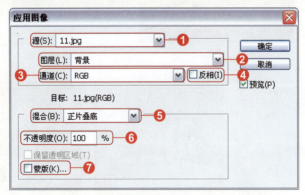

"应用图像"对话框

动动手 调整照片图像艺术效果

 视频文件：调整照片图像艺术效果.swf   最终文件：第11天\Complete\05.psd

❶ 打开本书配套光盘中第11天\Media\05.jpg图像文件。

❷ 复制得到"图层1"，执行"图像>应用图像"，在对话框中设置后单击"确定"按钮。复制得到副本图层，再次使用"应用图像"命令，调整图像色调。

❸ 为图像添加"色彩平衡1"调整图层，设置"阴影"、"中间调"和"高光"下的参数，并设置调整图层的混合模式为"柔光"、"不透明度"为50%，调整图像效果。

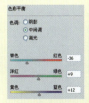

❹ 新建"图层2"，选择自定义形状工具，打开形状预设面板选择相应的形状路径，在图像上拖动鼠标绘制路径，完成后按下快捷键Ctrl+Enter将路径转换为选区，反选选区后填充选区颜色为白色，取消选区。

02 应用"计算"命令编辑通道

　　使用"计算"命令可将两个尺寸相同的图像或同一图像中两个不同的通道进行混合，并将混合结果应用到新图像或新通道及当前选区中。对一个明暗对比较强的图像应用"计算"命令后，可通过增强通道灰度图像的对比度效果进行抠图，但不能应用该命令来创建彩色的图像。执行"图像>计算"命令，可打开"计算"对话框，下面对对话框中的各选项进行详细介绍。

"计算"对话框

❶ **"源1"选项组：**在其中可设置用于计算的源图像，在"图层"选项中可以设置一个单独的图像或图像中一个图层作为用于计算的一个因素，同时还可在"通道"选项中设置用于计算的源的通道。

❷ **"源2"选项组：**与"源1"选项组的功用是相同的，这里设置的是用于计算的另一个图像文件或图层，需要提供两个内容才能进行计算。

❸ **"混合"选项：**该选项用于设置计算图像时应用的混合模式，即使用这些图层图像相应通道上的内容进行计算的方式，在实质上可以看作是进行运算的程序，类似加减乘除。

❹ **"蒙版"复选框：**勾选该复选框，将弹出与该选项相应的选项组。可设置该选项通过蒙版应用混合效果，从而使图像中的部分区域不受计算影响。

❺ **"结果"选项：**通过选择"新建文档"、"新建选区"或"新建通道"选项，可以不同的计算结果模式创建计算结果。

学习感悟："计算"命令的妙用

在实际应用中还可结合"计算"命令对人物图像中的粗糙或斑点皮肤进行磨皮操作。其原理是通过对斑点较多的通道进行计算得到新通道，结合"高反差"滤镜进行调整，并对通道再次进行图层计算，以突出斑点区域，得到通道后载入斑点区域的通道选区，结合图层蒙版对人物皮肤进行磨皮，**很神奇吧！**

动动手 合成个性图像效果

 视频文件：合成个性图像效果.swf   最终文件：第11天\Complete\06.psd

❶ 打开本书配套光盘中第11天\Media\06.jpg、07.jpg图像文件。使用移动工具将07.jpg移动到06.jpg图像中，生成"图层1"。

❷ 执行"图像>计算"命令打开"计算"对话框，在其中设置相应的选项，完成后单击"确定"按钮得到相应的选区。

❸ 新建"图层2"，填充选区为白色，并设置图层混合模式为"叠加"混合图像，同时隐藏"图层1"，从而让画面效果更整洁，体现出合成的效果。

241

03 应用"调整"命令进行调色和抠图

在前面的章节中我们对调整命令进行了相应的介绍，这里结合相应的调整命令，对通道进行编辑，从而赋予图像更多的色彩变化。也可使用一些增强图像对比度的调整命令来调整通道图像的对比度，以便进行图像的抠取。

使用调整命令调色的操作方法是，打开图像后在"通道"面板中选择相应的颜色通道，然后通过执行"图像>调整"命令，选择相应的子命令，在弹出的参数设置对话框中进行调整，完成后单击"确定"按钮。此时可在"通道"面板中单击选择复合通道，显示出全部的通道，以查看调整后的图像效果。

调整色阶

调整后的图像颜色效果

使用调整命令抠取图像的方法是，打开图像后在"通道"面板中选择一个对比度较强的颜色通道，复制得到通道副本，并结合如"色阶"、"曲线、"亮度/对比度"等调整命令加强图像的对比度，然后使用适当大小和硬度的画笔工具，在图像中将需要保留的区域涂抹为黑色，将需要选择的区域涂抹为白色，按住Ctrl键单击副本通道缩览图载入选区，解锁图层后按下Delete键删除选区中的图像，从而将人物从背景中抠取出来。

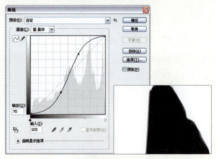

调整曲线并涂抹图像

原图

从背景中抠取的人物图像

调整图像反转片色调

 视频文件：调整图像反转片色调.swf　最终文件：第11天\Complete\08.psd

❶ 打开本书配套光盘中第11天\Media\08.jpg图像文件。

❷ 在"通道"面板中单击选择"红"通道，此时图像呈现出灰度通道图像。

选择该通道

❸ 执行"图像>调整>色阶"命令或按下快捷键Ctrl+L，打开"色阶"对话框，在其中拖动滑块调整参数后单击"确定"按钮。此时显示出全部通道，可看到图像颜色效果发生了改变。

❹ 单击选择"蓝"通道，按下快捷键Ctrl+M打开"曲线"对话框，在其中拖动曲线锚点调整曲线后，单击"确定"按钮。此时显示出全部通道，从而可查看调整后的图像颜色效果。

设置参数

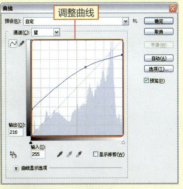

调整曲线

动动手 抠取人物效果

视频文件：抠取人物效果.swf　最终文件：第11天\Complete\09.psd

❶ 打开本书配套光盘中第11天\Media\09.png图像文件。单击选择"蓝"通道，将其拖曳到"通道"面板底部的"新建通道"按钮上复制得到"蓝 副本"通道。

复制通道

❷ 按下快捷键Ctrl+M打开"曲线"对话框并调整曲线。继续按下快捷键Ctrl+L打开"色阶"对话框，调整参数后单击"确定"按钮，调整图像效果。然后使用画笔工具在人物部分涂抹，将其显示为黑色，其他部分为白色。

调整曲线

设置参数

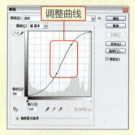

涂抹图像

❸ 在"通道"面板中单击RGB通道显示所有通道颜色，按住Ctrl键的同时单击"蓝 副本"通道缩览图，将其载入选区，此时选区框选的为白色背景部分，返回"图层"面板，按Delete键删除选区中的图像，将人物抠取出来。

抠取的图像

1. 选择题

（1）Photoshop中可通过按下快捷键（　　）创建剪贴蒙版。

　　A．Ctrl+Alt+G 　　　B．Ctrl+Alt+E 　　C．Ctrl+G 　　　D．Alt+G

（2）当图像为RGB模式时，在"通道"面板中按下快捷键（　　）可以快速选择"绿"通道。

　　A．Ctrl+3 　　　　　B．Ctrl+4 　　　　C．Ctrl+5 　　　D．Ctrl+ 6

2. 填空题

（1）在Photoshop CS5软件中，蒙版分为＿＿＿＿＿＿、＿＿＿＿＿＿、＿＿＿＿＿＿和＿＿＿＿＿＿4种类型。在平常的操作中，使用最多的是＿＿＿＿＿＿。

（2）在Photoshop CS5软件中，通道可分为＿＿＿＿＿＿、＿＿＿＿＿＿、＿＿＿＿＿＿和＿＿＿＿＿＿4种类型。

（3）在实际应用中，我们可以将通道与＿＿＿＿＿＿、＿＿＿＿＿＿和＿＿＿＿＿＿命令进行结合使用，能让图像表现出更丰富的效果。

3. 上机操作：使用"应用图像"命令调整图像颜色

　　打开图像后执行"图像>应用图像"命令，在弹出的对话框中可针对通道进行选择，还可对混合模式进行调整，以取得最后的调整效果。

1.打开图像　　　　　　2.设置"应用图像"选项　　　　　3.调整后的效果

答案

1. 选择题　　（1）A　　　　（2）B

2. 填空题　　（1）图层蒙版　快速蒙版　矢量蒙版　剪贴蒙版
　　　　　　　　　图层蒙版

　　　　　　　　（2）颜色通道　专色通道　Alpha 通道　临时通道

　　　　　　　　（3）"应用图像"命令　"计算"命令　"调整"命令

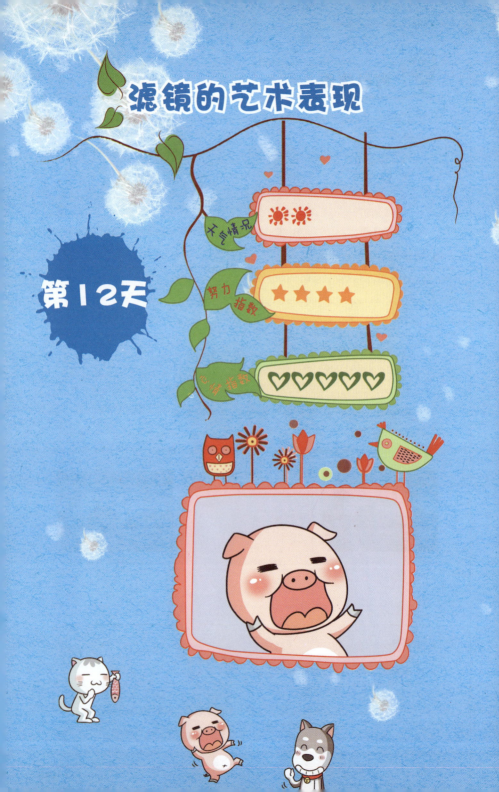

滤镜的艺术表现

天气情况 ☀☀

努力指数 ★★★★

�指数 ♡♡♡♡♡

第12天

漫画：

滤镜的应用

专题1 独立滤镜

Photoshop的滤镜是一种特殊的图像处理技术，可以用来实现各种特殊效果。其中独立滤镜是指没有包含任何滤镜级联菜单命令，直接选择即可执行相应操作的滤镜，包括镜头校正滤镜、液化滤镜和消失点滤镜，这些滤镜主要用于对图像进行镜头校正、变形等操作。

01 滤镜库

在认识独立滤镜之前，首先对Photoshop中的滤镜库进行介绍，方便大家掌握滤镜的应用。滤镜库的实质是将软件提供的所有滤镜进行归类，选择较为常用和典型的滤镜收录其中，以便能同时对图像应用多种不同的滤镜效果，还能对图像效果进行实时预览，在很大程度上提高了图像处理的灵活性。执行"滤镜>滤镜库"命令即可打开"滤镜库"对话框，下面将对其中的选项进行介绍。

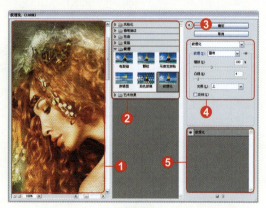

滤镜库

❶ **预览框：**预览图像的变化效果，单击底部的 ☐ 或 ☐ 按钮，可缩小或放大预览框中的图像。

❷ **滤镜列表：**单击滤镜文件夹可展开该类型的各种滤镜，单击需要应用的滤镜缩览图，可以预览使用滤镜的效果。

❸ **"打开/关闭滤镜列表"按钮 ☒：**单击该按钮可隐藏或显示滤镜列表区域，关闭滤镜列表可以扩展预览框。

❹ **参数设置区域：**应用不同的滤镜时，在该区域将显示不同的选项组，通过设置参数可以调整图像效果。

❺ **滤镜效果管理区：**该区域用于显示对图像使用过的滤镜，默认情况下，当前选择的滤镜会自动出现在列表中。单击"新建效果图层"按钮 ☐，创建与应用当前滤镜相同的效果图层，然后单击需要应用的其他滤镜即可将新应用的滤镜添加到列表中。

02 镜头校正

Photoshop CS5将"镜头校正"滤镜从"扭曲"滤镜组中分离出来，成为一个独立滤镜，操作起来更方便。使用该滤镜可以轻松修复常见的镜头瑕疵，从而达到纠正图像失真的效果。其使用方法是，打开图像后执行"滤镜>镜头校正"命令，打开"镜头校正"对话框，在"自动校正"选项卡的"搜索条件"选项组中可以设置相机的品牌、型号和镜头型号等，设置后激活相应选项，此时在"矫正"选项组中勾选相应的复选框即可校正相应选项。也可在"自定"选项卡中调整各个滑块的参数，并在相应的参数框中输入数值，对图像进行调整，同时可以在对话框左侧对调整效果进行预览，完成后单击"确定"按钮，此时图像的中轴位置被修正了。

原图

设置"镜头校正"参数

修正图像后的效果

03 液化

"液化"滤镜主要用于对图像进行变形或修饰，使用该滤镜可对图像进行收缩、膨胀、旋转等操作，从而简单实现对人物照片进行瘦脸、瘦身等修饰美化操作。执行"滤镜>液化"命令，打开"液化"对话框，在其左侧工具列表中单击相应工具进行操作。其中向前变形工具是通过在图像上点按鼠标并拖动，向前推动图像而产生变形；重建工具通过在变形区域上绘制，能部分或全部恢复图像的原始状态；冻结蒙版工具将不需要液化的区域创建为冻结蒙版；解冻蒙版工具用来擦除保护的蒙版区域。

"液化"对话框

04 消失点

使用"消失点"滤镜可以在选定的图像区域内进行内容替换，并对替换内容的透视关系进行自动适配，多用于置换液晶屏幕、宣传画册等图像的调整中。其方法是，打开两幅用于制作的图像，在其中一幅图像中按下快捷键Ctrl+A全选图像，按下快捷键Ctrl+C进行复制；然后打开另一幅图像，执行"滤镜>消失点"命令，打开"消失点"对话框，此时默认选择创建平面工具 ，在需要替换内容的区域图像上单击以确定4个点，创建出网格平面，用于替换图像；此时按下快捷键Ctrl+V，将之前复制的图像粘贴到该对话框中，拖动粘贴的内容靠近创建的平面，此时软件将自动吸附图像到平面中。此时可以移动图像，显示图像边缘时选择变换工具调整图像大小，使其适应替换的平面效果，完成后单击"确定"按钮即可完成操作。

图像一

图像二

创建平面

粘贴图像

吸附图像

调整后的图像效果

修整人物肥胖的脸颊

 视频文件：修整人物肥胖脸颊.swf　最终文件：第12天\Complete\01.psd

❶ 打开本书配套光盘中第12天\Media\01.jpg图像文件。

❷ 复制"背景"图层，执行"滤镜>液化"命令，打开"液化"对话框，设置画笔大小后使用向前变形工具 在人物左右脸颊上单击并拖动，修复脸颊，同时对下巴进行相同的操作。

点按并拖动

画笔大小：521
画笔密度：56
画笔压力：66

❸ 放大图像，利用向前变形工具在人物头发处添加波浪效果。同时在人物手臂处收缩手臂图像，打造纤细的手臂效果。

点按并向下拖动

点按并拖动

学习感悟：揭秘消失点滤镜的演变过程

CS2版本里"消失点"滤镜只能进行平面拖移，在CS3版本中可改变平面的角度制作出立体效果，但执行该滤镜后会生成一个图层。自CS4版本开始，通过"消失点"滤镜可以直接在背景图层中添加其他图像的内容，还可按下Alt键任意拖动到所需要的角度。**很神奇吧！**

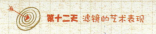

专题2 其他滤镜组

Photoshop中除了独立滤镜和滤镜库外，还将软件提供的其他滤镜按照相应的功能划分为了13个滤镜组，分别为风格化、画笔描边、模糊、扭曲、锐化、视频、素描、纹理、像素化、渲染、艺术效果、杂色和其他滤镜组，下面分别介绍这些滤镜组。

01 风格化滤镜组

风格化滤镜组包含了查找边缘、等高线、风、浮雕效果、扩散、拼贴、曝光过度、凸出和照亮边缘9种滤镜。这些滤镜可通过执行"滤镜>风格化"命令，在其弹出的级联菜单中选择相应菜单命令应用。其中"照亮边缘"滤镜收录在滤镜库中。下面分别对该滤镜组中主要滤镜功能进行介绍，并结合图像对应用相应滤镜后的效果进行展示，以便直观地查看滤镜效果。

滤镜命令菜单

滤镜库中的该组滤镜

1. 查找边缘

该滤镜可以查找图像中主色块颜色变化的区域，并对查找到的边缘轮廓描边，使图像看起来像是用笔刷勾勒的轮廓。需要注意的是，该滤镜没有参数设置对话框，选择该滤镜命令后，软件直接执行出结果。

2. 等高线

该滤镜沿图像的亮部区域和暗部区域的边界绘制出颜色比较浅的线条效果。执行该命令后软件会把当前图像以线条形式表现出来。

3. 风

该滤镜对图像的边缘进行位移，创建出水平线以模拟风吹的动感效果，是制作纹理或为文字添加阴影效果时常用的滤镜工具，在其对话框中可设置风吹效果的样式、风吹的方向和风的大小。

4. 浮雕效果

该滤镜通过勾画图像的轮廓和降低周围色值来产生灰色的浮凸感。执行该命令后图像会自动变为深灰色，形成凸起或压低的浮雕效果。

原图　　　　　应用"查找边缘"滤镜　　　　应用"风"滤镜　　　　应用"浮雕效果"滤镜

5. 拼贴

该滤镜根据在参数设置对话框中设定的值，将图像分解为小块状，并使小块上的图像适当地偏离原来的位置，从而让图像形成拼贴效果。

6. 曝光过度

该滤镜使图像产生正片和负片混合的效果，类似摄影中的底片曝光，该滤镜与查找边缘滤镜相同，没有参数设置对话框，选择该滤镜命令后软件直接执行出效果。

7. 凸出

该滤镜根据在参数设置对话框中设置的不同值，为选区或整个图层上的图像制作一系列块状或金字塔的三维纹理，比较适用于制作刺绣或编织工艺所用的一些图案。

8. 照亮边缘

该滤镜让图像产生比较明亮的轮廓线，形成一种类似霓虹灯的亮光效果。

原图　　　　　应用"拼贴"滤镜　　　　应用"凸出"滤镜　　　　应用"照亮边缘"滤镜

学习感悟：快速重复应用滤镜效果

哇哈哈！在Photoshop中还可在执行某一滤镜命令后，按下快捷键Ctrl+F，快速为图像应用相同的滤镜效果，你学会了吗？

动动手 制作钢笔淡彩图像效果

视频文件：制作钢笔淡彩图像效果.swf　　最终文件：第12天\Complete\02.psd

❶ 打开光盘中第12天\
Media\02.jpg图像文件。

❷ 复制"背景"图层，执行"滤镜>风格化>照亮边
缘"命令。打开"滤镜库"对话框，单击 按钮，隐藏
滤镜列表区域，在右侧的参数设置区域调整参数，单击
"确定"按钮，调整显示出明显边缘。

设置参数

❸ 按下快捷键Ctrl+I反向
显示图像，并设置图层
混合模式为"叠加"，
"不透明度"为80%，调
整图像效果，复制"背
景 副本"图层，调整
"不透明度"为30%，适
当加强效果。

调整混合模式和不透明度

❹ 创建"曲线1"调整
图像，在其调整面板中
拖动锚点调整曲线，适
当将图像的颜色和绘制
的线条颜色加深，从而
凸显出图像的钢笔淡彩
效果。

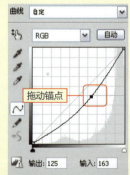

拖动锚点

02 画笔描边滤镜组

画面描边滤镜组包括了成角的线条、墨水轮廓、喷溅、喷色描边、强化的边缘、深色线条、烟灰墨和阴影线8种滤镜，且全部收录在滤镜库中。也可以打开"滤镜库"对话框，在其中进行设置。下面分别对该滤镜组中较为常用的滤镜功能进行介绍，并对应用相应滤镜后的图像效果进行展示，以便直观查看滤镜效果。

滤镜命令菜单

滤镜库中的该组滤镜

1. 成角的线条

该滤镜可以产生斜笔画风格的图像，类似于使用画笔时按某一角度在画布上用油画颜料所涂画出的斜线，此时绘制的线条长度和方向都是可以调整的。

2. 墨水轮廓

该滤镜在图像的颜色边界处模拟出油墨绘制图像轮廓的效果，从而产生钢笔油墨风格效果，还可通过调整光照强度和阴影强度来调整墨水的浓淡效果。

3. 喷溅和喷色描边

这两个滤镜比较类似，都可以使图像产生一种按一定方向喷洒水花的效果，从而使画面看起来有被雨水冲涮或打湿的视觉效果。

4. 深色线条

该滤镜通过用短而密的线条来绘制图像中的深色区域，用长而白的线条来绘制图像中颜色较浅的区域，从而产生一种很强的黑色阴影效果。

5. 烟灰墨

该滤镜通过计算图像中像素值的分布，对图像进行概括性的描述，进而产生类似用饱含黑色墨水的画笔在宣纸上进行绘画的效果。

6. 阴影线

该滤镜可以产生具有十字交叉线网格风格的图像。

原图

应用"成角的线条"滤镜

应用"墨水轮廓"滤镜

应用"喷溅"滤镜

动动手 制作手绘速写效果

 视频文件：制作手绘速写效果.swf　最终文件：第12天\Complete\03.psd

❶ 打开本书配套光盘中第12天\Media\
03.jpg图像文件。

❷ 复制得到"背景 副本"图层，执行
"图像>调整>去色"命令，将图像转换
为黑白效果。

❸ 继续执行"滤镜>风格化>查找边
缘"命令，此时图像自动转换为清晰的
轮廓效果。

❹ 执行"滤镜>画笔描边>墨水轮廓"
命令，打开"滤镜库"对话框，在其右
侧参数设置区域调整参数，单击"确
定"按钮，制作出手绘的速写效果。

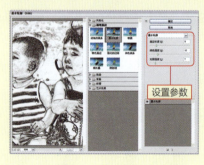

设置参数

❺ 创建"色阶1"调整图层，在其调整
面板中拖动滑块调整参数，适当减去图
像中的灰色涂抹效果，让图像边缘的对
比效果更突出，加强绘制效果。

设置参数

03 模糊滤镜组

模糊滤镜组中包括了表面模糊、动感模糊、方框模糊、高斯模糊、进一步模糊、径向模糊、镜头模糊、模糊、平均、特殊模糊和形状模糊11种滤镜，该组滤镜没有收录到滤镜库中。下面分别对该滤镜组中较为常用的滤镜功能进行介绍，并对应用相应滤镜后的效果进行展示，以便直观查看滤镜效果。

"动感模糊"　　　原图　　　应用"动感模糊"滤镜　　　使用"平均"滤镜

1. 动感模糊

该滤镜通过模仿拍摄运动物体的手法，使图像中的像素在某一方向上进行线性位移，产生运动模糊效果。

2. 高斯模糊

该滤镜是最常用的滤镜之一，通过控制模糊半径对图像进行模糊效果处理，根据高斯曲线添加低频细节，快速模糊选区或整个图像，以产生朦胧的效果。

3. 径向模糊

该滤镜模拟缩放或旋转的相机所产生的模糊效果。其中"模糊方法"用来定义是沿同心圆模糊或是沿径向模糊，"品质"控制模糊的品质范围。

4. 镜头模糊

该滤镜在图像中产生狭窄的景深效果，以便使图像中的一些对象处于焦点内，而另一部分变模糊。

5. 平均

该滤镜找出图像的平均颜色，并使用该颜色填充图像或选区以创建平滑图像效果。

6. 特殊模糊

该滤镜找出图像的边缘，并对边界线以内的区域进行模糊处理。

应用"高斯模糊"滤镜　　　应用"径向模糊"滤镜　　　应用"镜头模糊"滤镜　　　应用"特殊模糊"滤镜

04 扭曲滤镜组

扭曲滤镜组包括了波浪、波纹、玻璃、海洋波纹、极坐标、挤压、扩散亮光、切变、球面化、水波、旋转扭曲和置换12种滤镜，仅玻璃、海洋波纹和扩散亮光三种滤镜收录在滤镜库中，下面分别对该滤镜组中较为常用的滤镜进行介绍，并结合图像展示效果。

1. 玻璃

该滤镜模拟透过玻璃来观看图像的效果。

2. 海洋波纹

该滤镜将随机分隔的波纹添加到图像表面，使图像产生在水中的波纹效果。

3. 扩散亮光

该滤镜通过扩散图像中的白色区域，使图像从选区向外渐隐亮光，从而产生朦胧的效果，常用于表现强烈光线和烟雾效果。

原图　　　　　　应用"玻璃"滤镜　　　　应用"海洋波纹"滤镜　　　　应用"扩散亮光"滤镜

4. 极坐标

该滤镜以坐标轴为基准，将选区从平面坐标转换为极坐标，或将选区从极坐标转换为平面坐标。

5. 切变

该滤镜根据在对话框中的设置使图像产生扭曲变形。

6. 球面化

该滤镜使图像选区膨胀，形成类似将图像贴在球体或圆柱体表面的效果。

原图　　　　　　应用"极坐标"滤镜　　　　应用"切变"滤镜　　　　应用"球面化"滤镜

05　锐化滤镜组

锐化滤镜组的效果与模糊滤镜的效果正好相反。该滤镜组提供了USM锐化、锐化、进一步锐化、锐化边缘、智能锐化5种滤镜，下面分别对该滤镜组中的滤镜功能进行介绍，并结合图像进行效果展示。

1. USM 锐化

该滤镜通过锐化图像的轮廓，使图像的不同颜色之间生成明显的分界线，从而达到图像清晰化的目的。用户在其参数设置对话框中可以设定锐化的程度。

2. 锐化

该滤镜可以增加图像像素之间的对比度，使图像更加清晰。

3. 进一步锐化

该滤镜和锐化滤镜作用相似，只是锐化效果更加强烈。

4. 锐化边缘

该滤镜同USM锐化滤镜相似，但它没有参数设置对话框，且只对图像中具有明显反差的边缘进行锐化处理，如果反差较小，则不会进行锐化处理。

5. 智能锐化

该滤镜设置锐化算法或控制在阴影和高光区域中进行的锐化量，以获得更好的边缘检测并减少锐化晕圈，是一种高级锐化方法。在其参数设置中单击"基本"和"高级"单选按钮，可分别进行参数设置。

原图　　　　　应用"USM 锐化"滤镜　　　应用"进一步锐化"滤镜　　　应用"智能锐化"滤镜

06　视频

视频滤镜组包括"NTSC颜色"和"逐行"两种滤镜，使用这两种滤镜可以将视频图像和普通图像相互转换。

1. NTSC 颜色

使用该滤镜可以将图像颜色限制在电视机可接受的范围之内，以防止过度饱和颜色渗透到电视扫描行中。

2. 逐行

该滤镜是通过移去视频图像中的奇数或偶数隔行线，使在视频上捕捉的运动图像变得平滑。

07 素描

素描滤镜组包括了半调图案、便条纸、粉笔和炭笔、铬黄、绘图笔、基底凸现、石膏效果、水彩画纸、撕边、炭笔、炭精笔、图章、网状和影印14种滤镜，且全部收录在滤镜库中。下面对该滤镜组中较为常用的滤镜功能进行介绍，并结合图像进行效果展示。

1. 半调图案

该滤镜使用前景色和背景色将图像以网点效果显示。

2. 便条纸

该滤镜使图像以前景色和背景色混合产生凹凸不平的草纸画效果，其中前景色作为凹陷部分，而背景色作为凸出部分。

3. 粉笔和炭笔

该滤镜重绘高光和中间调，使用粗糙粉笔绘制纯中间调的灰色背景。阴影区域用黑色炭笔对角线条替换。炭笔绘制区域用前景色，粉笔绘制区域用背景色。

4. 绘图笔

该滤镜用前景色和背景色生成钢笔画素描效果，图像没有轮廓，只有变化的笔触效果。

5. 基底凸现

该滤镜主要用来模拟粗糙的浮雕效果，并强调光线照射表面变化的效果。图像的暗色区域使用前景色，而浅色区域使用背景色。

6. 水彩画纸

该滤镜使图像产生类似绘制在潮湿纤维上的感觉，并有颜色溢出、混合、产生渗透的效果。

7. 撕边

该滤镜重新组织图像为被撕碎的纸片效果，然后使用前景色和背景色为图片上色，比较适合对比度高的图像。

8. 图章

该滤镜简化图像、突出主体，产生类似橡皮或木制图章盖章的效果，一般用于黑白图像。

9. 网状

该滤镜使用前景色和背景色填充图像，产生一种网眼覆盖的效果，同时模仿胶片感光乳剂的受控收缩和扭曲的效果，使图像产生暗色调区域好像被结块，高光区域好像被轻微颗粒化的效果。

原图

应用"半调图案"滤镜

应用"便条纸"滤镜

应用"水彩画纸"滤镜

08 纹理滤镜组

纹理滤镜组包括了龟裂缝、颗粒、马赛克拼贴、拼缀图、染色玻璃和纹理化6种滤镜，且全收录在滤镜库中，该组滤镜的特点是能使图像具有不同的纹理质感。下面对该滤镜组中的滤镜功能进行介绍，结合图像进行效果展示。

原图　　　　　　　应用"颗粒"滤镜

1. 龟裂缝

该滤镜使图像产生龟裂纹理，制作出具有浮雕样式的立体效果。

2. 颗粒

该滤镜可以在图像中随机加入不规则的颗粒，产生颗粒纹理效果。

3. 马赛克拼贴

该滤镜用于产生类似马赛克拼成图像的效果。

4. 拼缀图

该滤镜在马赛克拼贴滤镜的基础上增加了一些立体感，使图像产生一种类似于在建筑物上使用瓷砖拼成图像的效果。

5. 染色玻璃

该滤镜可以将图像分割成不规则的多边形色块，形成彩色玻璃效果，此时软件自动使用前景色勾画其外轮廓。

6. 纹理化

该滤镜可以向图像中添加不同的纹理，使图像看起来富有质感。

应用"马赛克拼贴"滤镜　　　应用"拼缀图"滤镜　　　应用"染色玻璃"滤镜　　　应用"纹理化"滤镜

09 像素化滤镜组

像素化滤镜组提供了彩块化、彩色半调、点状化、晶格化、马赛克、碎片、铜版雕刻7种滤镜。下面对该滤镜组中较为常用的滤镜功能进行介绍，并结合图像进行效果展示。

1. 彩色半调

该滤镜可以对图像中的颜色进行分离，并转换为半色调的图像，使图像具有一定的彩色印刷效果。

2. 点状化

该滤镜在图像中产生随机的彩色斑点，点与点间的空隙用背景色填充。

3. 晶格化

该滤镜将图像中颜色相近的像素集中到一个多边形网格中，从而把图像分割成多个多边形的小色块，产生晶格化的效果。

4. 马赛克

该滤镜将图像分解为许多规则排列的小方块，实现网格化的同时使每个网格中的像素均用网格内的平均颜色填充，从而产生马赛克效果。

原图　　　　应用"彩色半调"滤镜　　　应用"晶格化"滤镜　　　应用"马赛克"滤镜

10 渲染滤镜组

渲染滤镜组为用户提供了云彩、分层云彩、光照效果、镜头光晕和纤维5种滤镜，这些滤镜在不同程度上使图像产生三维造型效果或光线照射效果。下面对该滤镜组中的滤镜功能进行介绍，并结合图像进行效果展示。

1. 分层云彩

该滤镜利用前景色和背景色对图像中的原有像素进行差异运算，产生图像与云彩背景混合并反白的效果。

2. 光照效果

该滤镜通过设置不同的光照类型为图像添加相应的光照效果，在其参数设置对话框中还提供了17种不同的光照风格和3组光照属性，以便为图像添加各种光照效果，同时还可以设置新的纹理，使图像产生三维立体效果。

3. 镜头光晕

该滤镜通过为图像添加不同类型的镜头，模拟镜头产生的眩光效果，这是典型的一种光晕效果处理方法。

4. 纤维

该滤镜将前景色和背景色混合填充图像，从而生成类似纤维的质感纹理效果。

5. 云彩

该滤镜是惟一能在空白透明图层上工作的滤镜。其原理是利用前景色和背景色计算，使图像呈现出双色效果，多用于制作云彩、烟雾等效果。

原图　　　　　　应用"分层云彩"滤镜　　　应用"光照效果"滤镜　　　应用"镜头光晕"滤镜

11 艺术效果滤镜组

艺术效果滤镜组包括了壁画、彩色铅笔、粗糙蜡笔、底纹效果、调色刀、干画笔、海报边缘、海绵、绘画涂抹、胶片颗粒、木刻、霓虹灯光、水彩、塑料包装和涂抹棒15种滤镜，且全部收录在滤镜库中，通过对这些滤镜的合理运用可将普通的图像变为各种带有绘画效果的作品，下面对该滤镜组中较为常用的滤镜功能进行介绍，并结合图像进行效果展示。

1. 壁画

该滤镜可使图像产生类似壁画的粗犷风格效果。

2. 彩色铅笔

该滤镜模拟彩色铅笔在纯色背景上绘制图像，主要边缘被保留，并带有粗糙的阴影线外观，纯背景色则通过较光滑区域显示出来。

3. 调色刀

该滤镜可以使图像中相近的颜色相互融合以减少细节，产生图像写意效果。

4. 干画笔

该滤镜模仿颜料快用完的毛笔进行作画，产生一种凝结的油画质感。

原图　　　　　　应用"壁画"滤镜　　　　应用"彩色铅笔"滤镜　　　应用"干画笔"滤镜

5. 海报边缘

该滤镜可增加图像对比度，并沿边缘的细微层次添加黑色，产生具有招贴画边缘效果的图像。

6. 绘画涂抹

该滤镜模拟在湿画上涂抹的模糊效果。

7. 胶片颗粒

该滤镜在给原图像添加一些杂色的同时，可调亮并强调图像的局部像素，产生一种类似胶片颗粒的纹理效果。

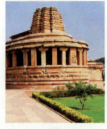 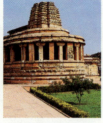  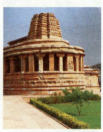

原图　　　　　　应用"海报边缘"滤镜　　　　应用"绘画涂抹"滤镜　　　　应用"胶片颗粒"滤镜

8. 木刻

该滤镜使图像产生由粗糙剪切的彩纸组成的效果。对于高对比度的图像，看起来像是黑色剪影，彩色图像看起来像由几层彩纸构成的效果。

9. 霓虹灯光

该滤镜能够产生负片图像效果或与此类似的颜色奇特的图像效果，看起来有一种氖光照射的效果，同时也营造出虚幻朦胧的感觉。同时，单击颜色色块，还可能对霓虹的颜色进行设置，丰富图像效果。

10. 水彩

该滤镜可以描绘出图像中景物的形状，同时简化颜色，进而产生水彩画的效果。

11. 涂抹棒

该滤镜可以产生使用粗糙物体在图像上进行涂抹的效果。从美术工作者的角度来看，它能够模拟在纸上涂抹粉笔或蜡笔的效果。

原图　　　　　　应用"木刻"滤镜　　　　　应用"水彩"滤镜　　　　　应用"涂抹棒"滤镜

动动手 制作图像水彩画效果

 视频文件：制作图像水彩画效果.swf　最终文件：第12天\Complete\04.psd

❶ 在Photoshop中打开本书配套光盘中第12天\Media\04.jpg图像文件。

❷ 复制"背景"图层，执行"滤镜>模糊>特殊模糊"命令，在打开的对话框中设置参数，单击"确定"按钮，模糊图像。

❸ 继续执行"滤镜>艺术效果>水彩"命令，在打开的对话框中设置参数，此时可以在图像预览区域中预览到图像添加该滤镜后的效果。

❹ 单击"新建效果图层"按钮，新建一个效果图层，然后单击"底纹效果"滤镜缩览图，并在右侧设置参数，单击"确定"按钮，同时应用两个滤镜，赋予图像水彩绘画效果。

12 杂色

　　杂色滤镜组包括了减少杂色、蒙尘与划痕、去斑、添加杂色和中间值5种滤镜，下面对常用滤镜进行介绍，同时结合图像进行效果展示。

1. 蒙尘与划痕

　　该滤镜将图像中有缺陷的像素融入周围的像素，达到除尘和涂抹的效果。

2. 添加杂色

　　该滤镜可为图像添加细小的像素颗粒，使其混合到图像内，同时产生色散效果。

3. 中间值

　　该滤镜可以采用杂点与其周围像素的折中颜色来平滑图像中的区域。

原图　　　　　应用"蒙尘与划痕"滤镜　　　应用"添加杂色"滤镜　　　应用"中间值"滤镜

13 其他

　　其他滤镜组包括了高反差保留、位移、自定、最大值和最小值5种滤镜，比较特殊。

1. 高反差保留

　　该滤镜用来删除图像中亮度有过渡变化的部分图像，保留色彩变化最大的部分，使图像中的阴影消失而突出亮点，与浮雕效果类似。

2. 最大值

　　该滤镜向外扩展白色区域并收缩黑色区域。

3. 最小值

　　该滤镜向外扩展黑色区域并收缩白色区域。

原图　　　　　应用"高反差保留"滤镜　　　应用"最大值"滤镜

1.选择题

（1）要为图像快速应用相同的滤镜效果可使用快捷键（　　）来进行。

    A．Ctrl+B　　　　　　B．Ctrl+G　　　　　C．Ctrl+F　　　　　D．Ctrl+D

（2）在Photoshop中，要为图像添加因为动态拍摄而产生的模糊效果，需要结合（　　）滤镜来进行。

    A．高斯模糊　　　　　B．特殊模糊　　　　C．镜头模糊　　　　D．动感模糊

2.填空题

（1）在Photoshop软件中的独立滤镜有_____、_____和_____。

（2）在应用消失点滤镜时，需要先对一个图像进行_____操作，然后对另一个图像执行消失点滤镜后，才能进行_____运用。

（3）Photoshop软件的滤镜库中共收录了_____、_____、_____、_____和_____滤镜组。

3.上机操作：应用滤镜制作图像

打开图像后执行"滤镜>艺术效果>木刻"命令，在其对话框中设置参数，确认应用滤镜得到的绘画效果，结合横排文字工具输入文字，制作出一幅简洁的公益海报图像。

1. 打开图像　　　　2.设置滤镜参数　　　　3.应用滤镜效果　　　　3.添加文字效果

答案

1.选择题　　（1）C　　　　（2）D

2.填空题　　（1）镜头校正滤镜　液化滤镜　消失点滤镜

    （2）复制　粘贴

    （3）风格化　画笔描边　扭曲　素描　纹理　艺术效果

3D 对象与动画的创建

天气情况

努力指数 ★★★★

心理指数 ♡♡♡♡

 **认识3D工具**

Photoshop中的3D工具可用于调整3D对象，同时还能控制和调整三维空间中摄像机的位置。此时需要借助3D对象工具组和3D相机工具组中的工具来进行，这两个3D工具组涵盖了所有3D工具，合理使用能在很大程度上使操作更快捷。

01 3D 对象变换

在Photoshop CS5中，变换3D对象可使用3D对象工具组中的工具来进行。该工具组中收录了3D对象旋转工具、3D对象滚动工具、3D对象平移工具、3D对象滑动工具、3D对象比例工具五种工具。可使用这些工具对3D对象进行旋转、滚动、平移、滑动、比例缩放等操作。

3D 对象旋转工具	K
3D 对象滚动工具	K
3D 对象平移工具	K
3D 对象滑动工具	K
3D 对象比例工具	K

3D 对象旋转工具组

1. 3D 对象旋转工具

使用该工具能旋转3D对象，其操作方法是：打开一幅3D格式的图像，单击3D对象旋转工具，将光标移动到图像中，此时当光标变为形状时，在画面中单击鼠标并拖动，此时3D对象即可在三维空间中旋转。

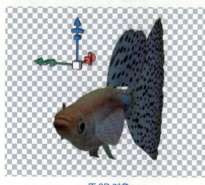

原 3D 对象

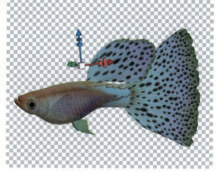

旋转后的 3D 对象

2. 3D 对象滚动工具

使用该工具能让3D对象沿X轴和Y轴、X轴和Z轴或Y轴和Z轴进行旋转滚动。其方法是单击3D对象滚动工具，此时将滚动约束在两个轴之间，且这两个轴之间出现黄色的连接色块。此时只需在两轴之间单击并拖动鼠标即可调整3D对象的滚动效果。

3. 平移 3D 对象

使用该工具能对3D对象进行平移，此时由于是在三维空间中作平移运动，平移后图像角度不同，图像的显示效果也有所变化。该工具的使用方法与前面介绍的工具的使用方法类似。

4. 3D 对象滑动工具

使用该工具能滑动3D对象。在画面中单击并拖动鼠标即可调整3D对象的前后感。往下拖动鼠标，图像效果往后退，往上拖动鼠标图像效果往前突出。

5. 3D 对象缩放工具

使用该工具能对3D对象进行比例缩放。往下拖动鼠标时缩小对象，往上拖动时放大对象。

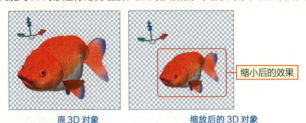

原 3D 对象　　　　缩放后的 3D 对象

缩小后的效果

02 调整 3D 对象的视角

使用3D相机工具组中的工具能对3D对象进行遥摄，该工具组包括3D旋转相机工具 、3D滚动相机工具 、3D平移相机工具 、3D移动相机工具 、3D缩放相机工具 五种工具，使用这些工具可实现镜头的环绕、滚动以及镜头跟随等效果。

1. 3D 旋转相机工具

使用该工具能进行视图的环绕移动，从而全面地展示出3D对象在三维空间中不同的面的视觉效果。单击3D旋转相机工具 ，通过拖动，以3D对象为中心点来环绕移动3D相机。

2. 3D 滚动相机工具

使用该工具能滚动视图，此时单击3D滚动相机工具 ，向左拖动3D相机以顺时针滚动视图，向右拖动以逆时针滚动视图。

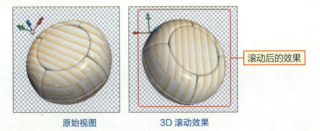

原始视图　　　　3D 滚动效果

滚动后的效果

3. 3D 平移相机工具

使用该工具可以调整相机的视角，单击3D平移相机工具 ，在画面中单击并向上拖动鼠标，视平线向下移动，实现俯视视图，向下拖动则视平线向上移动，实现仰视视图。

4. 3D 移动相机工具

使用该工具能模拟3D相机移动时的镜头跟随效果，垂直向上拖动实现拉镜头的效果，即视图前移。垂直向下实现推镜头的效果，即视图后退。

5. 3D 缩放相机工具

使用该工具能缩放视图大小。垂直向上拖动实现"拉"镜头的效果，垂直向下拖动实现"推"镜头的效果。

专题2 调整3D面板

在Photoshop的3D面板中，可以通过设置众多参数来控制、添加或修改场景、材质、网格以及灯光等。执行"窗口>3D"命令即可打开3D面板。

01 3D 场景

默认情况下打开的3D面板即为"3D场景"选项面板，可通过单击顶部的按钮组对场景、网格、材质和光源进行选择。在"预设"下拉列表中可选择系统预设的选项；单击"编辑"按钮可打开"渲染设置"对话框，以设置3D对象的渲染。单击"绘制于"下拉列表右侧的下拉按钮，在弹出的下拉列表中可以选择纹理。此时勾选"横截面"复选框即可激活相应选项，在其中可对"位移"、"倾斜A"、"倾斜B"参数进行设置，调整3D对象的位置。

02 3D 网格

在3D网格面板中收集了用于控制3D对象中的各网格组成部分的选项。勾选"捕捉阴影"复选框，则可在"光线跟踪"渲染模式下，控制选定的网格是否在其表面显示来自其他网格的阴影；而勾选"投影"复选框，则可控制选定网格是否在其他网格表面产生投影。

03 3D 材质

在3D材质面板中设置用于控制3D对象材质的相关选项。单击"漫射"后的色块，即可选择赋予3D对象材质的颜色，单击其后的扩展按钮，在弹出的菜单中可选择"载入纹理"选项，使用2D图像覆盖3D对象表面，赋予其材质。

04 3D 光源

3D光源面板主要用于控制添加到场景中的各个光源的颜色、强度等相关选项。单击"光照类型"下拉按钮，可对光源样式进行设置。"点光"用于显示3D模型中的点光，相当于一个灯泡，向四周发射光；"聚光灯"用于显示3D模型中的聚光灯信息，聚光灯可照射出可调整的锥形光线；"无限光"用于显示3D模型中的无限光信息；"颜色"用于设置光源的颜色，单击色块可在打开的对话框中设置光源颜色。

专题3 编辑3D对象

在Photoshop CS5中可对3D 对象进行编辑，创建出3D明信片、3D对象，将2D图像转换为3D对象，同时还能结合"凸纹"命令进行进一步编辑，从而扩展对3D对象编辑的功能。

01 创建 3D 明信片

创建3D明信片可将二维图像转换为三维效果的图像。其方法是打开图像后，执行"3D>从图层新建3D明信片"命令，此时在"图层"面板自动新建一个3D图层，可看到2D的图层已经转换为3D图层。此时结合3D对象旋转工具，在图像中单击并拖动调整图像，显示出明信片的侧面，以展示出三维空间的旋转效果。

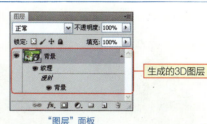

生成的3D图层

"图层"面板

原图

对 3D 明信片进行旋转

提示： 2D 对象转换为 3D 对象的前提条件

在Photoshop中，要将2D对象转换为3D对象，首先应该执行"编辑>首选项>性能"命令，在弹出的对话框中勾选"启用OpenGL绘图"复选框，以启用OpenGL绘图功能，才能激活相应的3D菜单命令，以便进行操作哦！

02 创建 3D 对象

执行"3D>从图层新建形状"命令，在弹出的级联菜单中可以选择3D形状，软件提供了锥形、立方体、圆柱体、立体环绕、圆环、帽形等12种形状样式，单击选择即可将图像转换为相应的3D形状对象。

环形 锥形 立方体

圆柱体 金字塔 帽形

易拉罐 酒瓶 球体

03 将 2D 图像转换为 3D 对象

在Photoshop CS5中可以对不需要修改的3D对象进行栅格化，将其转换为2D图像。栅格化3D图层后会保留3D场景的外观，但是格式为2D图层格式。其方法是在"图层"面板中选择3D图层后执行"3D>栅格化3D"命令或使用鼠标右键单击该图层，在弹出的菜单中选择"栅格化3D"选项即可将3D图层转换为2D普通图层。

04 3D "凸纹" 命令

Photoshop CS5版本中新增了"凸纹"命令，该"凸纹"命令不能在普通图层上直接创建3D对象模型，而是需要通过在图像中创建选区、路径、文本或蒙版后，才能执行该命令。例如在图像中创建选区后，执行"3D>凸纹>当前选区"命令即可打开"凸纹"对话框，在其中能对3D凸纹形状、膨胀、斜面和材质等选项进行设置，以丰富图像效果。

❶ 按下快捷键Ctrl+N，在对话框中设置参数后单击"确定"按钮新建图像文件，单击渐变工具 ■，设置渐变颜色为白色到灰色（R158、G154、B154），绘制从中心到边缘的径向渐变。

❷ 单击横排文字工具 T，设置格式后调整颜色为深灰色（R130、G125、B124），输入文字并载入选区。

❸ 执行"3D>凸纹>当前选区"命令，打开"凸纹"对话框，在其中设置凸纹形状，并调整"凸出"选项组的参数，此时可预览到效果。

❹ 继续在"材质"选项组中设置"侧面"材质。

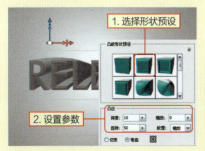

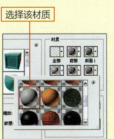

❺ 单击"确定"按钮应用"凸纹"命令，从而制作出立体文字。复制出相应的副本图层，栅格化3D图层后设置混合模式为"强光"，加强文字效果。

专题4 Photoshop也能制作动画效果

Photoshop不仅可以处理平面图像，也可将这些平面图像连续播放，通过设置关键帧、帧延时和播放模式等操作，制作出个性的动画效果。

01 创建帧动画

Photoshop中的动画分为帧动画和时间轴动画两类。执行"窗口>动画"命令即可打开"动画"面板，在该面板中可以根据需要选择"动画（帧）"和"动画（时间轴）"两种方式来进行动画制作。这里首先对"动画（帧）"面板进行介绍。

"动画（帧）"面板

❶ **选择帧延迟时间：** 单击其右侧的下拉按钮，在弹出的菜单中可以设置动画帧之间的间隔时间。

❷ **选择循环选项：** 设置动画播放的方式，包括"一次"、"3次"、"永远"和"其他"选项，当选择"其他"选项时，会弹出"设置循环次数"对话框，设置任意播放次数。

❸ **控制按钮组** ◄◄ ◄I ► I► **：** 用于控制动画的播放。

❹ **"过渡动画帧"按钮** ◦ᄋᄅ **：** 单击该按钮即可打开"过渡"对话框，此时可设置当前选择的帧与下一帧之间的过渡。

❺ **"复制所选帧"按钮** ⊒ **：** 单击该按钮可以对所选帧进行复制。

❻ **"删除所选帧"按钮** 🗑 **：** 单击该按钮可以对所选帧进行删除。

02 创建时间轴动画

在"动画（帧）"面板的右下角单击"转换为时间轴动画"按钮 ▦▦，将"动画（帧）"面板切换为"动画（时间轴）"面板，显示了当前图像文件中各个图层的帧持续时间和动画属性，通过在时间轴中添加关键帧的方式设置各个图层在不同时间的变化情况，从而创建出动画效果。此时可拖动当前时间指示器 💡 以浏览或更改该当前时间或帧，同时结合对图像的绘画、移动、旋转等操作来设置不同的关键帧，以调整动画效果。

动动手 制作个性闪图帧动画

 视频文件：制作个性闪图帧动画.swf　最终文件：第13天\Complete\01.psd

❶ 打开本书配套光盘中第13天\
Media\01.psd图像文件。此时图
像隐藏了部分图层。执行"窗
口>动画"按钮，显示出"动画
（帧）"面板，设置帧延时和
播放模式。

❷ 单击"复制所选帧"按钮
，复制出第二帧，在"图
层"面板中单击"图层1"前的
指示图层可见性图标，显示图
像，在工作区中可看到效果，此
时在"动画（帧）"面板中可看
到显示出图像的缩览图。

❸ 使用相同的方法，复制出第
三个帧，显示"图层2"图像，
创建出动画帧效果，此时单击
"播放动画"按钮 ▶ 播放动
画即可查看动画效果。

动动手 制作时间轴动画

视频文件：制作时间轴动画.swf　　最终文件：第13天\Complete\02.psd

❶ 打开本书配套光盘中第13天\Media\ 02.psd图像文件。执行"窗口>动画"命令，显示出"动画（帧）"面板，单击面板右下角的"转换为时间轴动画"按钮，切换到"动画（时间轴）"面板。

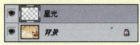

❷ 单击右上角的扩展按钮，在弹出的菜单中选择"文档设置"命令，设置时间为4秒，在"动画（时间轴）"面板中单击"星光"图层前的扩展按钮，显示其下的设置属性。单击"位置"选项前的"时间—变换秒表"按钮，创建一个关键帧。

❸ 拖动当前时间指示器到04:000时间码的位置，使用移动工具将"星光"图层水平拖动至移出画面，隐藏星光图像，此时将自动在该时间位置创建一个关键帧，并对该变换进行记录。单击"播放动画"按钮，即可播放动画。

 **今日作业**

1. 选择题

（1）如要快速对3D对象进行遥摄，可使用3D相机工具组中的工具，此时可按下

　　快捷键（　　）依次切换该组中的各个工具。

　　A．Ctrl+K　　　　　　　　　　B．Shift+K

　　C．Alt+K　　　　　　　　　　 D．Ctrl+N

（2）要对创建的3D对象的贴图效果进行调整，可在（　　）面板中进行。

　　A．3D材料　　　　　　　　　　B．3D场景

　　C．3D网格　　　　　　　　　　D．3D光源

2. 填空题

（1）Photoshop 中3D面板可分为＿＿＿＿＿＿、＿＿＿＿＿＿、

　　＿＿＿＿＿＿和＿＿＿＿＿＿四种。

（2）按类型分可将动画可分为＿＿＿＿＿＿和＿＿＿＿＿＿两类。

（3）在Photoshop中，要激活相应的3D菜单命令，需在"首选项"对话框的

　　＿＿＿＿＿＿面板中勾选＿＿＿＿＿＿复选框，启用相应功能方能

　　激活菜单命令。

3. 上机操作：创建3D形状对象

　　执行"3D>从图层新建形状"命令，在弹出的级联菜单中选择"易拉罐"选项，创建3D形状对象，创建"曲线1"调整图层，调整RGB和红通道下的曲线，调整对象颜色。

1. 打开图像　　　　2. 创建对象　　　　3. 调整曲线　　　　4. 最终效果

答案

1. 选择题　　　（1）D　　　　　　（2）A

2. 填空题　　　（1）3D场景　3D网格　3D材料　3D光源

　　　　　　　　　（2）帧动画　时间轴动画

　　　　　　　　　（3）性能　启用OpenGL绘图

应用动作与自动化命令

第14天

天气情况

努力指数

心情指数

漫画:

动作和自动化的应用

专题1 运用动作让你的工作更省时

Photoshop中的动作是一个特色功能，使用动作能快速对图像进行一些简便的操作。我们先记录执行过的操作、命令及命令参数，当需要再次执行相同操作或命令时，快速调用此动作，从而提高工作效率。

01 "动作"面板

执行"窗口>动作"命令或按下快捷键Alt +F9即可打开"动作"面板，下面介绍其中的选项。

❶ **动作组：**默认情况下"动作"面板中仅显示"默认动作"动作组，包含了很多单个动作。

❷ **单个动作：**单击动作组前面的三角形图标▶即可展开该动作组，在其中可看到该组中包含多个单个动作。

❸ **操作命令：**单击单个动作前三角形图标▶即可展开该动作，可看到动作包含的具体操作命令。

❹ ■ ● ▶**按钮组：**从左至右依次是"停止播放/记录"按钮 ■ 、"开始记录"按钮 ● 、"播放选定的动作"按钮 ▶ 。

❺ ▢ ▫ ▩**按钮组：**最左侧是"创建新组"按钮 ▢ ，单击该按钮弹出"新建组"对话框，设置名称后则创建一个新的动作组。中间是"创建新动作"按钮 ▫ ，单击该按钮打开"新建动作"对话框，在其中设置名称后创建新动作。右侧是"删除"按钮 ▩ ，选择相应的动作或动作组后，单击该按钮即可打开询问对话框，单击"确定"按钮即可将所选动作或动作组删除。

"动作"面板

02 应用动作预设

应用动作预设是指将"动作"面板中已录制的动作快速应用于图像上。应用动作预设的方法比较简单，打开需要调整的图像，执行"窗口>动作"命令，显示出"动作"面板，在其中选择需要应用的动作，单击"播放选定的动作"按钮 ▶ ，此时软件自动对图像运行该动作中的所有操作。

学习感悟：快速追加其他动作组

哇哈哈！在"动作"面板中单击右上角的扩展按钮 ▤ ，可以在弹出的菜单中选择命令、画框、图像效果、纹理、文字效果等选项，在弹出的对话框中单击"追加"按钮，即可将相应的动作组显示到"动作"面板中。你学会了吗？

原图　　　　　　　　　　　　　　应用渐变映射动作后的效果

03 创建新动作

　　在实际操作中，还可以将一些经常使用到的操作、一些具有创意性的调色操作或命令创建为新的动作，以便能快速调用。其方法为打开图像后，单击"动作"面板底部的"创建新动作"按钮 ，打开"新建动作"对话框，在"名称"中输入名字"个性调色"，单击"开始记录"按钮 ，进入录制状态，此时该按钮呈红色状态 显示。此时可结合系列调色命令，如通过调整曲线调整图像颜色，完成后在"动作"面板上的"个性调色"动作中即记录了一个操作命令，完成调整后即可单击"停止播放/记录"按钮 ，可退出记录状态，完成动作的创建。此时图像效果也发生了改变。

原图　　　　　　　　　　　　　　调色后的图像

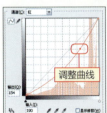
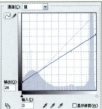

调整曲线　　　　　　　　　记录操作命令　　　　　　　创建新动作

提示：新动作的应用

创建新动作的操作后，可以打开另一幅图像，单击选择新创建的动作，单击"播放选定的动作"按钮 ，即可应用新动作哦！

04 存储动作

　　存储动作是指将新建或调整后的动作组保存，以便随时调用。这里只针对动作组，对单个的动作则不能进行存储操作。存储动作组的方法是，在"动作"面板中单击"创建新组"按钮 ▢，打开"新建组"对话框，设置名称后单击"确定"按钮，新建动作组后，将新建的动作移动到该动作组中，单击"动作"面板右上角的扩展按钮 ▤，在弹出的菜单中选择"存储动作"选项，打开"存储"对话框，设置保存路径后单击"确定"按钮。此时在存储动作组的路径下可以看到存储后的动作以ATN格式的文件存在。

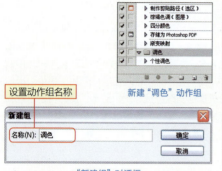

新建"调色"动作组

设置动作组名称

"新建组"对话框

存储的动作

调色

"保存"对话框

学习感悟：快速载入动作

在Photoshop中存储动作组后还可进行载入动作的操作，此时可在"动作"面板中单击右上角的扩展按钮 ▤，在弹出的菜单中选择"载入动作"选项，打开"载入"对话框，选择要载入的动作后单击"载入"按钮，即可将其载入到"动作"面板中，简洁又快速，一定要记住哦！

05 编辑动作

　　在Photoshop中，还可对默认或新建的动作中插入命令和停止语句，编辑动作，从而拓宽动作的应用范围。

1. 插入调整命令

　　插入调整命令是指在动作预设或新创建的动作中添加一个调整命令，让运用该动作的图像呈现出与之前不同的效果。

2. 插入停止语句

　　插入停止语句是通过应用"插入停止"命令，使该动作执行到这一步时便停止，以便用户继续执行一些如使用绘画工具绘制不同线条等无法记录的任务。

编辑动作调整图像效果

 视频文件：编辑动作调整图像效果.swf　最终文件：第14天\Complete\01.psd

❶ 打开本书配套光盘中第14天\Media\01.jpg图像文件。

❷ 在"动作"面板中单击选择"渐变映射"动作，单击"播放选定的动作"按钮 ，自动调整图像得到绚丽的颜色效果。

单击该动作

❸ 单击该动作中的最后一个操作命令，单击"开始记录"按钮 ，按下快捷键Ctrl+Shift+Alt+E盖印图层，此时该操作已记录到该动作中，继续按下快捷键Ctrl+B，在弹出的对话框中设置参数调整图像。

❹ 此时调色操作已经记录到了该动作中，且图像效果也发生了相应的变化，单击"停止播放/记录"按钮 即可退出动作的记录状态，完成对动作的编辑。

单击该命令　记录的操作　记录的操作

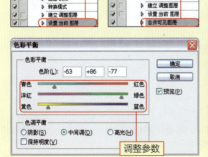

调整参数

专题2 这样也能节约工作时间

在Photoshop中，除了能应用动作提升对图像的编辑速度外，还可结合软件提供的自动化命令对图像编辑，例如可结合批量处理图像、创建快捷批处理、裁剪并修齐照片以及合并到HDR等自动化命令对图像进行编辑操作，从而让图像处理过程轻松快捷。

01 超方便的批处理

批处理图像是指批量地对图像进行快速的编辑，此时需要应用"自动"命令中的"批处理"命令，该命令能将调整图像的多步操作进行整合，并将其快速应用到多张图像上，从而达到同时调整多张图像的效果。

批处理图像的方法是，首先新建两个文件夹，分别用于存放待处理的图像和处理后的图像，然后执行"文件>自动>批处理"命令，打开"批处理"对话框，在"动作"下拉列表中设置对图像进行的动作，并分别在"源"和"目标"选项下方单击"选择"按钮，

在弹出的对话框中指定待处理图像所在文件夹的位置和处理后图像存放的文件夹位置，并在"文件命名"选项组中设置图像文件重命名的方式，单击"确定"按钮。若选择的动作没有包含存储的操作，那么需要在相继弹出的对话框中单击"保存"按钮保存图像，并单击"确定"按钮确认文件的保存。完成后在存放处理后图像的文件夹中可以看到处理后的PSD格式的文件，双击则可以打开图像。

设置"批处理"选项

02 创建快捷批处理

快捷批处理是批处理图像的快捷方式，通过创建快捷批处理，能让多个图像快速应用一个相同的动作，其方法是执行"文件>自动>创建快捷键批处理"命令，打开"创建快捷批处理"对话框，单击"选择"按钮，打开"存储"对话框，在其中指定快捷批处理动作的存储位置和名称，单击"保存"按钮即可完成操作。此时在相应存储位置可查看到生成的快捷批处理图标。

色调调整

创建的快捷批处理图标

学习感悟： 快捷批处理的妙用

创建快捷批处理后可以打开一幅或多幅图像，直接将其拖动到存储的"色调调整"快捷批处理图标上，软件将自动对这些图像进行调色，**很神奇吧！**

03 裁剪并修齐图像

使用"裁剪并修齐"命令能将图像中不需要保留的部分进行最大限度地自动裁剪,多用于对扫描图像的自动裁剪处理。其方法是,打开需要调整的图像,执行"文件>自动>裁剪并修齐照片"命令,软件自动将同在一幅图像上的多张照片裁剪为单独的图像文件,且图像的倾斜效果也得到了修正,同时,每个图像文件的文件名都以原图像副本加上自然数序号的方式逐次进行命名。

原图效果

裁剪并修齐图像后的效果

提示:了解"裁剪并修齐"命令的使用条件

使用"裁剪并修齐"照片时需先确定扫描的这幅图像上照片的间距须大于或等于3mm,以避免由于间距太小而被软件认为是同一张照片而无法完成裁剪操作哦!

04 合并到 HDR Pro

"合并到HDR Pro"命令是为了弥补相机拍摄受光线影响而造成的曝光问题,它可将多张曝光程度不同的照片合成为一张HDR图像。CS5版本更是增加了更多调整选项,以便对图像细节的调整更深入贴切。

其方法是,执行"文件>自动>合并到HDR Pro"命令,在弹出的对话框中选择多幅曝光不同的图像,单击"确定"按钮,此时软件自动操作,打开"合并到HDR Pro"对话框,在其下部显示了多个曝光不同的图像,此时在右侧的参数选项中对合并的效果进行调整,完成后单击对话框底部的"确定"按钮即可完成操作。

不同的图像

设置参数

设置选项

 今日作业

1.选择题

（1）按下快捷键（　　）可快速打开"动作"面板。

    A．Alt +F8　　　　　　　　　　B．Ctrl+F9

    C．Alt +F9　　　　　　　　　　D．Alt +F8

（2）要应用批处理命令调整图像时，需在"批处理"对话框的（　　）下拉列
表框中设置对图像进行处理的动作。

    A．组　　　　　　　　　　　　B．"源"选项组

    C．动作　　　　　　　　　　　D．"目标"选项组

2.填空题

（1）创建新动作时，完成动作创建后一定记得单击＿＿＿＿＿＿＿退出动作的
记录状态，以免在后续操作中将不需要步骤记录在了动作中。

（2）应用＿＿＿＿＿＿＿命令能将图像中不需要的部分进行最大限度的裁切。

（3）除默认动作组外，软件还为用户提供了＿＿＿＿＿＿、＿＿＿＿＿＿、
＿＿＿＿＿＿、＿＿＿＿＿＿、＿＿＿＿＿＿、＿＿＿＿＿＿、
＿＿＿＿＿＿、＿＿＿＿＿＿和＿＿＿＿＿＿动作组以供追加选
择用。

3.上机操作：快速应用动作预设

    打开图像，在"动作"面板中载入"图像效果"动作组，选择"末状粉
笔"动作，单击"播放选定的动作"按钮 ▶，应用动作预设。

1.打开图像　　　　2.追加动作组　　　3.设置动作　　　4.应用动作后的效果

答案

1.选择题　　（1）C　　　　（2）C

2.填空题　　（1）"停止播放/记录"按钮 ▇　　（2）裁剪并修齐

        （3）命令　画框　图像效果　LAB-黑白技术　制作　流星

        文字效果　纹理　视频动作

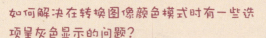

Q 如何解决在转换图像颜色模式时有一些选项呈灰色显示的问题？

A 在转换图像颜色模式时，有一种特殊情况，就是将如RGB、CMYK等颜色模式转换为"位图"或"双色调"颜色模式时，需要先将其转换为"灰度"模式，才能激活级联菜单中的"位图"和"双色调"选项，然后完成颜色模式的转换。

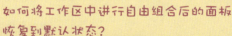

Q 如何将工作区中进行自由组合后的面板恢复到默认状态？

A 在Photoshop CS5中可将需要的多个面板同时拖动为浮动面板后进行组合，也可以单击标题栏中的"显示更多工作区和选项"按钮 ，在弹出的菜单中选择"复位基本功能"选项，即可将工作区众多面板的组合恢复到默认状态下。

Q 如何判定为图像设置多少分辨率最合适？

A 设置图像分辨率时，应根据具体情况而定，若是用于网络显示，分辨率一般设置为72ppi，若用于印刷，分辨率则应设置为300ppi，以保证较高的印刷质量，避免出现粗糙像素。

Q 如何处理由于操作不当而弹出的对话框或窗口？

A 使用 Photoshop 时，按错键误打开相应参数设置对话框等这样的情况非常普遍，此时可对其进行退出操作。按下 Esc 键即可退出该参数设置对话框，此时图像效果保持不变。

Q 如何对图像进行快速缩放显示？

A 按下快捷键 Ctrl+ +放大图像，连续按下该快捷键，则成比例放大；按下快捷键 Ctrl+ -则对图像按一定比例缩小显示。针对 CS5 版本，还可通过单击缩放工具 🔍，在图像中单击后向下方拖动鼠标，则快速放大图像，向上方拖动鼠标，则缩小图像。

Q 如何将 Bridge 窗口快速切换到紧凑模式？

A 执行"文件 > 在 Bridge 中浏览"命令，显示 Bridge 窗口后，单击该窗口右上角的"切换到紧凑模式"按钮 🗖，切换到紧凑的较小的显示模式下，再次单击"切换到超级紧凑模式"按钮 🗖，即可将图像切换到超级紧凑模式的显示模式下，方便调整图像。

Q 如何将工具箱隐藏？

A 执行"窗口 > 工具"命令即可将位于工作界面左侧的工具箱隐藏，再次执行相同的命令将重新显示工具箱。需要注意的是，按 Tab 键可快速隐藏工具箱、右侧面板组以及属性栏，让图像界面显示地更为宽阔，再次按 Tab 键即可恢复相应的显示。

Q 如何对选区进行在水平或垂直方向上的定向移动？

A 定向移动是指将选区以水平、垂直或 45° 斜线方向移动。选择绘制类的工具，在需要移动的选区内单击，按住 Shift 键同时移动选区即可。需要注意的是，操作时要注意先后顺序，应先在选区内单击鼠标后再按住 Shift 键拖动，避免因为先按下 Shift 键而对工具进行了切换。

Q 如何在工具组中进行相应工具的快速切换？

A 在 Photoshop 中，可快速切换工具组中的工具。其方法是按住 shift 键的同时按该工具对应的快捷键。例如需要在套索工具与多边形套索工具之间快速切换，只需按下快捷键 shift+L 即可，多次按该组快捷键即可在该工具组中的多个工具之间进行切换。

Q 如何判定适合该图像的保存格式？

A 若要使用图像的全部内容，多保存为 JPGE 格式；若是要直接使用图像中具有清晰边缘的特定区域，如人物、动物等，则可保存为 PNG 格式，便于合成。若是要对位图、灰阶、索引色、RGB 等颜色模式下的图像或多层素材文件保存留底，则可存储为 PDF 格式。

Q 为了更精确地选择画笔样式，如何查看画笔样式的名称？

A 要将画笔样式的名称显示出来，可单击选择需要显示名称的画笔样式，在面板中单击右上角的"从此画笔创建新的预设"按钮 ，打开"画笔名称"对话框，此时该画笔样式的名称自动出现在名称栏中。

Q 如何切换画笔样式的显示方式？

A 单击任意绘图工具，在相应的工具属性栏中单击画笔栏旁的下拉按钮 ，打开"画笔样式"选择面板，在面板中单击右上角的三角形按钮 ，在弹出的菜单中选择相应的选项，即可以该方式显示画笔样式。

Q 如何在使用绘图工具时快速调整画笔样式？

A 直接在绘制的图像中单击鼠标右键，即可出现一个临时画笔样式选择面板，这与通过在属性栏中单击画笔栏旁的下拉按钮·打开的"画笔样式"选择面板是相同，在其中单击即可快速选择另一个画笔样式进行绘制，这种方法在使用手绘板绘制图像时使用较多。

如何保存通过手动调整出的渐变颜色？ **Q**

A 在"渐变编辑器"中手动设置调整了渐变颜色后，单击"新建"按钮，将通过调整设置的渐变颜色样式存储在渐变样式选择框中，以便下次使用时能快速调用。但此时需要注意的是，若执行了复位渐变样式的操作，这些临时存放的渐变样式也随之消失。

Q 在使用"变化"命令时，如何恢复到初始状态？

A 在 Photoshop 软件中由于使用"变化"命令调整时无法同时对图像效果进行预览，此时若对调整效果不满意，可单击对话框左上角的"原稿"缩览图，则不管在"变化"对话框中进行了多少步的调整，图像都会自动恢复到初始状态。

294

Q 在对图像调色后如何快速为另一幅图像应用相同的调色操作？

A 可通过保存一些调色命令的选项设置来实现。以"通道混合器"命令为例，调色后在"通道混合器"对话框中单击"预设选项"按钮 ，选择"存储预设"，设置后保存。再打开另一幅图像，同样单击"预设选项"按钮 ，选择"载入预设"选项，选择存储的预设即可为其应用相同的色调。

Q 在 Photoshop 中输入文字时，最大能输入多大的文字？

A 默认情况下，在"设置字体大小"下拉列表框中可设置数值在 6 点到 72 点之间文字，同时也可直接在文本框中输入相应的数值，调整文字的大小。Photoshop 允许文字大小值的调整范围为 0.01 点至 1296 点之间，超出这个取值范围则会弹出提示对话框。

Q 在输入文字较多时，如何快速选择大段的段落文字？

A 可在"图层"面板中选择该文字所在的图层，然后双击该文字图层的缩览图，即可快速选中段落文字中的全部文字，选中的文字以反色显示在段落文本框中。

Q 如何解决在 Photoshop 中输入文字后却看不到的问题？

A 输入文字时需要检查文字颜色是否与背景图层颜色相同，若是颜色相同，此时输入的文字就难以看出。其实只需在"字符"面板中单击颜色色块，在弹出的对话框中设置新的文字颜色，即可将输入的文字显示出来。

Q 什么是异形轮廓文本，具体怎么创建？

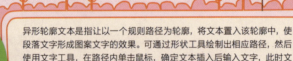
A 异形轮廓文本是指让以一个规则路径为轮廓，将文本置入该轮廓中，使段落文字形成图案文字的效果。可通过形状工具绘制出相应路径，然后使用文字工具，在路径内单击鼠标，确定文本插入后输入文字，此时文字将自动对闭合的形状路径填充，从而形成异性轮廓。

Q 如何解决文字输入错误，有无快捷方式进行替换？

A 可使用 Photoshop 中的"查找和替换文本"命令快速查找输入的文字，也进而使用替换功能对输入错误的文字进行快速纠正。或按下快捷键 Ctrl+H，打开"查找和替换文本"对话框，分别在"查找"和"替换"文本框中输入文字，单击"全部更改"按钮即可快速替换。

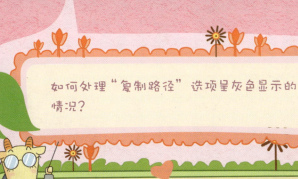

Q 如何处理"复制路径"选项呈灰色显示的情况？

A 在"路径"面板中单击右上角的扩展按钮 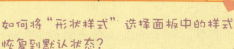 即可弹出快捷菜单，若"复制路径"选项呈灰色显示，则表示不可用，原因是当前所选路径为工作路径，不能复制操作。若要复制当前路径，可以将当前路径存储为路径，再执行相同的操作即可。

Q 如何将"形状样式"选择面板中的样式恢复到默认状态？

A 在追加形状样式后，可在形状工具组中的属性栏中单击"样式"选项旁的下拉按钮 ，在"形状样式"选择面板中单击右上角的三角形扩展按钮 ，在弹出的菜单中选择"复位样式"选项，即可将面板中的样式恢复到默认状态。

 Q 什么是栅格化形状图层，应该怎么操作？

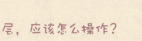

A 栅格化形状图层在功能上与栅格化文字类似，简单来说是将形状图层转换为普通图层，栅格化形状图层后不能查看或修改形状路径，但却能应用滤镜、调整等命令。其方法是单击选择形状图层，执行"图层 > 栅格化 > 形状"命令即可。

Q 为什么使用钢笔工具绘制路径时总是进行自动填充？

A 作为路径绘制工具的钢笔工具有三种路径创建模式，可通过单击属性栏中的"形状图层"按钮、"路径"按钮和"填充像素"按钮创建相应模式。使用钢笔时会自动填充则表示当前使用的是形状图层模式，要使其不自动填充，只需单击"路径"按钮即可。

什么叫复制路径层？具体怎么操作？ **Q**

A 有两层含义，一种是指在同一路径层中复制，另一种是指复制路径层，复制路径层有两种方法，可在"路径"面板中单击按钮，选择"复制路径"选项，在"复制路径"对话框中输入路径名称确定后即可，另一种是选择需要复制的路径层，将其拖动到"创建新路径"按钮上即可。

Q 应用通道调整图像后再次打开，通道无法显示的原因？

A 创建通道后，软件并不会存储这些通道，再次打开后则无法显示出创建的通道。只有将图像文件存储为 PSD 格式或其他不合并通道的图像文件格式，再次打开图像时才能看到创建的 Alpha 通道和专色通道中的信息。

Q 删除通道的操作还有什么扩展应用吗？

A 删除通道时，若是删除复制或后创建的通道，则图像效果和颜色模式不会发生变化。若删除的通道为图像原有的颜色通道，则图像由于通道的删除会自动将 RGB 模式转换为多通道模式，其他颜色通道也会作出相应的改变。

Q 调整通道图像时为什么一些调整命令呈灰色显示？

A 这是由于 Photoshop 中的通道是以黑白像素的格式对图像相关信息进行保存的。在对通道编辑时，只能对通道图像的调整图像明暗效果的调整命令进行运用，而关于颜色调整的调色命令则呈灰色显示，表示不可用。

Q 如何对数值框中的参数进行快速设置？

A 设置数值框中的参数时，除了可以在其中单击，确定插入点，然后输入数值以对该选项进行设置外，还可将光标置于文本框的名称上，当鼠标光标变为形状 时，即可拖动调整该数值框中的参数，往左为减少，往右为增加，很大程度上方便了参数的调整。

Q 如何查看图像中蒙版的涂抹效果？

A 在"图层"面板中，蒙版是以蒙版缩览图的方式显示在图层缩览图一旁，若要仔细查看蒙版效果，则可按住 Alt 键的同时单击图层蒙版缩览图，即可在图像中显示出蒙版涂抹的黑白效果，以便对蒙版进行再次编辑或调整，此时再执行相同的操作即可返回图层的正常状态。

Q 除在模式级联菜单中转换图像颜色模式外还有其他方法吗？

A 可以执行"文件 > 自动 > 条件模式更改"命令，打开"条件模式更改"对话框，在其中"源模式"选项组中勾选用以进行转换的颜色模式，在"目标模式"选项组中设置转换后的图像颜色模式，完成后单击"确定"按钮即可应用操作。

Q "图层"面板底部的"添加矢量蒙版"按钮在哪里？

A 在图层面板中，若在没有添加图层蒙版时，"图层"面板底部会显示"添加图层蒙版"按钮 ，而在添加图层蒙版后，再次将光标移动到原来的"添加图层蒙版"按钮 上，此时该按钮的名称自动变为"添加矢量蒙版"，其实是按钮未变，但作用有变化。

Q 对相同的图像应用相同的滤镜，为什么得到的效果却不相同？

A 在 Photoshop 中使用滤镜命令前应注意当前图像的分辨率，若图像相同，而分辨率不同，即使使用的滤镜一样，设置的参数相同，得到的效果也会不同。因为 Photoshop 中的图像都是由像素构成的，很多滤镜又是针对像素进行的，所以会效果不同。

Q 半调图案和彩色半调滤镜的区别？

A 这两个滤镜都可以为图像创建网点效果，不同的是，半调图案滤镜是基于前景色和背景色创建各种图案类型的单色网点效果，而彩色半调滤镜则是使用青色、洋红、红色和 黑色 4 种单一颜色，以圆点的样式来对图像进行表现。

Q 应用云彩滤镜后，图像的颜色都会变为黑白效果吗？

A 在素描滤镜组中，如云彩、半调图案等滤镜，在颜色替换功能上比较类似，得到的颜色效果是取决于当前设置的前景色和背景色，若默认前背景色，则得到的为黑白效果，若对前景色和背景色进行修改，此时得到的图像颜色也会随之变化。

Q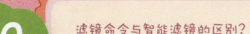
滤镜命令与智能滤镜的区别?

A 若针对普通图层应用滤镜命令后,效果不能再次进行修改。若此时为图层应用智能滤镜,则可对应用的滤镜效果进行修改。需要注意的是,若是对图层应用智能滤镜,此时软件将自动将普通图层转换为智能对象。

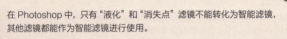
Photoshop 中的所有滤镜都能转换为智能滤镜吗? **Q**

A 在 Photoshop 中,只有"液化"和"消失点"滤镜不能转化为智能滤镜,其他滤镜都能作为智能滤镜进行使用。

Q
调整 3D 对象时会出现一个指向三个方向的轴,有什么功用?

A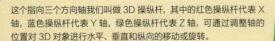
这个指向三个方向轴我们叫做 3D 操纵杆,其中的红色操纵杆代表 X 轴,蓝色操纵杆代表 Y 轴,绿色操纵杆代表 Z 轴,可通过调整轴的位置对 3D 对象进行水平、垂直和纵向的移动或旋转。

Q 如何调整 3D 操纵杆的大小？

A 在 3D 对象的调整界面中，将光标移动到 3D 操纵杆上，此时在操纵杆左上角会出现一个黑色的控制条，在该控制条上单击图标 ◄◄，即可将 3D 操纵杆切换到简略视图的状态，再次单击该图标，操纵杆恢复为默认状态。

Q 在 Photoshop 中如何创建灰度网格？

A 应用灰度网格可以将图像转换为深度映射效果，Photoshop 将深度映射应用于平面、双平面、圆柱体、球体 4 个形状，以创建不同的 3D 模型。此时只需执行"3D> 从灰度新建网格"命令，在弹出的级联菜单中选择相应的选项即可创建出相应的灰度网格效果。

Q 在 Photoshop 中如何创建拼贴画？

A 拼贴画是 3D 功能的扩展应用，打开图像，只需执行"3D> 新建拼贴绘画"命令，图像将自动进行九宫格形状的拼贴，同时也将 2D 图像转换为 3D 对象。

303

Q 在 Photoshop 中如何创建视频图层？

A 执行"文件 > 打开"命令，打开一个包含视频的文件，"图层"面板将显示对应的视频图层。也可执行"图层 > 视频图层 > 从文件新建视频图层"命令，选择视频或图像序列文件，在原始图层的基础上添加新的视频图层。

如何在编辑时间轴动画时拆分图层？ **Q**

A 拆分图层是指在指定帧处将视频图层拆分为几个新的视频图层。其方法比较简单，在"动画"面板中拖动时间指示器到相应时间，单击右上角的扩展按钮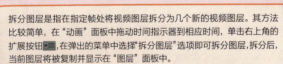，在弹出的菜单中选择"拆分图层"选项即可拆分图层，拆分后，当前图层将被复制并显示在"图层"面板中。

Q 如何将"动作"面板切换到按钮模式？

A 在"动作"面板中单击其右上角的扩展按钮，选择"按钮模式"选项即可将"动作"面板中的默认动作组切换到按钮形式的显示模式，此时其中各动作以不同颜色的按钮形式显示在面板中，再次执行相同的操作，可将"动作"面板切换回原来的显示模式。